乡村电子商务丛书
主编 李琪

国家出版基金项目
NATIONAL PUBLICATION FOUNDATION

秦成德 陈静 编著

种植养殖业
电子商务

中原农民出版社

·郑州·

图书在版编目（CIP）数据

种植养殖业电子商务 / 秦成德，陈静编著 . —郑州：
中原农民出版社，2020.12
（乡村电子商务丛书 / 李琪主编）
ISBN 978-7-5542-2365-9

Ⅰ．①种… Ⅱ．①秦… ②陈… Ⅲ．①种植业—电子
商务②养殖业—电子商务 Ⅳ．①S-39

中国版本图书馆CIP数据核字（2020）第244473号

种植养殖业电子商务
ZHONGZHI YANGZHIYE DIANZI SHANGWU

出 版 人：刘宏伟
选题策划：朱相师
责任编辑：肖攀锋
责任校对：尹春霞　张晓冰
责任印制：孙　瑞
装帧设计：杨　柳　薛　莲

出版发行：中原农民出版社
　　　　　地址：郑州市郑东新区祥盛街 27 号 7 层　　邮编：450016
　　　　　电话：0371 － 65788655（编辑部）　0371 － 65788199（营销部）
经　　销：全国新华书店
印　　刷：河南省邮电印刷厂
开　　本：710 mm×1010 mm　1/16
印　　张：18.5
字　　数：199 千字
版　　次：2021 年 1 月第 1 版
印　　次：2021 年 1 月第 1 次印刷
定　　价：78.00 元

如发现印装质量问题，影响阅读，请与印刷公司联系调换。

总　序

为乡村振兴战略插上腾飞的翅膀

党的十九大报告中提出，要实施乡村振兴战略，促进农村一二三产业融合发展，拓宽增收渠道。随着"互联网+"的兴起，乡村电子商务正逐渐成为农民增收致富的重要手段。电子商务（有时也简称"电商"）作为先进的生产力和生产方式正从城市走向农村，"电商扶贫""上山下乡"取得了显著成就，带动了农村地区的经济发展，提高了农村居民生活水平和改善了农村生态环境。

多年来互联网技术的快速发展和电子商务的蓬勃兴起，正在重塑着城乡的经济社会发展面貌。尤其是对于乡村发展而言，对这种力量的需求更为迫切。广袤的农村蕴含着巨大的人力、资源富矿，需要的恰恰就是像淘宝、京东、拼多多等这样更能结合时代发展趋势的新平台、新方式。用科技改变农村面貌，尤其是深入触及乡村经济的结构化调整与升级，让农民摆脱单一的耕种生存模式，向现代化企业主、产业工人转型，成为近年来电子商务下乡热潮的驱动力。

首先，电子商务下乡不仅是经济层面的创新，更涉及其他宏观层面，例如对农村社会化、组织化建设的推动。这些年来，农民大多是一家一户在自己的田地上耕作，而广大"新农人"往往与地方政府联动，从当地优势产业发展出发，主打几类重点产品。由于乡村"新农人"背后连接着天猫和淘宝等电子商务平台，通过大数据、用户画像等路径，能够更为精准地了解用户需求，甚至根据数据曲线预判来年消费者需求变化，如此一来，各个"淘宝村"的农民就可以集中资源，按照需求与订单来提供对应农产品及其他产品。不少"新农人"已经发展成为中小企业管理者，可以整合其他农民的资金、土地、产品等，对内把控质量，对外树立品牌，统一产品输出。碎片化的农村单元逐渐发展成为组织化、系统化的中、小、微型企业运作，农民的角色和意识都实现了跨越式转型发展。

其次，电子商务下乡带来的是农村公共服务的现代化。城乡二元制的一大难题是农村公共资源配给少、层次不高。而乡村基层干部可调配的资源有限，不能为农民提供相匹配的公共服务。近年来，不少地方通过推动电子商务下乡工程，不仅为农民带来了新的创收途径，也在与电子商务的协同中实现了管理和服务的创新。比如更多农村干部逐步掌握了互联网知识，并向所在乡村农民普及互联网开放、平等、自由、共享的精神，以及以客户为中心的服务模式，开始贯穿到乡村的日常运转中，提高效能，以农民所需为本，一手抓现有资源聚合释能，一手抓从县乡政府到村委会的组织体制改革，最终形成了堪比城市的公共服务理念和绩效。

在国家政策的大力支持下，我国乡村电子商务发展迅猛，正在深刻改变着传统农产品流通方式，成为加快转变农业发展方式，完善农产品市场机制，推动农业、农村信息化发展的新动力，对发展现代农业、繁荣乡村经济、改善城乡居民生活的作用日益凸显。同时，由于多种原因，我国乡村电子商务发展仍处在初级阶段，面临着基础设施条件差、农产品标准化程度低、流通体系不完整、市场秩序不规范、诚信体系不健全、配套政策不完善等困难和问题，亟须提高认识，提出对策，采取有效措施切实加以解决。为此，我们专门组织策划了"乡村电子商务丛书"，以问题为导向，深层次、全方位地阐述乡村电子商务在我国乡村振兴战略实施进程中应当发挥的更加积极的作用，为乡村振兴战略顺利实施插上腾飞的翅膀。

"乡村电子商务丛书"第一辑的内容涵盖了《县域电子商务干部读本》《乡村互联网金融》《乡村电子商务概论》《大学生村官电子商务》《邮政乡村电子商务》《农产品电子商务》《种植养殖业电子商务》《乡村旅游电子商务》《乡村电子商务实务》共计9卷。"乡村电子商务丛书"的撰写汇聚了国内相关领域的权威专家和学者，历时两年多完成初稿，获得了2019年度国家出版基金的资助，经专家委员会论证、修改、完善，最后由中原农民出版社审定出版。

"乡村电子商务丛书"的出版能够进一步梳理我国乡村电子商务发展的轨迹，总结乡村电子商务发展经验，探讨乡村电子商务形成规律，整理乡村电子商务发展模式，发现和探讨乡村电子商务存在的问题，推动我国乡村电子商务高质量发展，助力乡村振兴战略顺利实施！

"乡村电子商务丛书"可积极参与国家电子商务专业技术人才知识更新工程，开展新型农业经营主体培训，让专业大户、家庭农场、农民合作社等新型农业经营主体、高素质农民和农业企业负责人掌握农产品和农业生产资料网上经营策略和技巧，为培养一批有理论和实践能力的乡村电子商务人才和切实提高新型农业经营主体电子商务应用能力提供智力支持。该丛书采用彩色印刷，图文并茂，配置了模块化阅读内容，让读者在轻松阅读的基础上快速、便捷地掌握乡村电子商务专业知识，进而服务于产业、生产、经营等现代农业体系。

教育部电子商务类专业教学指导委员会副主任委员

中国信息经济学会副理事长、电子商务专业委员会主任

西安交通大学经济与金融学院教授

2020 年 12 月

前　言

　　伴随着现代互联网和通信技术的不断进步和电子商务向深度和广度的发展，农村、农业和农民也不可避免地要融入电子商务的浪潮中。以大数据、云计算、物联网和移动信息技术为特征的"互联网＋农业"将在很大程度上推动中国的农业信息化及农业现代化进程。移动农业电商平台、移动农业专家系统、农业天气及病虫害监测等新型涉农手机应用的出现及大规模推广，极大地方便了农民的日常生活，也降低了农业信息成本，提高了农业生产效率和水平。2016 年中央一号文件《中共中央　国务院关于落实发展新理念加快农业现代化　实现全面小康目标的若干意见》中指出，要利用云计算、物联网、移动互联网和大数据等现代信息技术，对农业全产业链进行提升和改造，推动"互联网＋农业"建设，建设现代农业。

　　为了普及农业电子商务，尤其是种植养殖业电子商务的知识，推动农业电子商务的进一步发展，我们编写了《种植养殖业电子商务》（为了叙述方便和适应读者阅读，本书将"种植养殖业电子商务"简称为"种养业电子商务"）一书，希望为加速我国的农业现代化贡献力量。我们着手《种植养殖业电子商务》的撰写工作时，力图为在农业电子商务领域工作的实务人员，或在校学习电子商务或国贸类专业的学生提供一本理论深入、内容充实、材料新颖、范围宽广、叙述简洁、条理清晰、适合学习种植养殖业电子商务的读物。

本书将《种植养殖业电子商务》分为九章，其中第一章属于种养业电子商务概述；第二章介绍了种养业电子商务技术；第三章是田间种植业电子商务；第四章是园艺种植业电子商务；第五章是养鸡业电子商务；第六章是养猪业电子商务；第七章是牛羊养殖业电子商务；第八章是水产养殖电子商务；第九章是电子商务营销直播带货。我们认为，上述内容足以涵盖种植养殖业电子商务的各个方面，形成完整的体系。

本书的撰写工作由国内多所院校的电子商务专业教师完成，其中西安邮电大学秦成德教授编写了第一、二、七、八章，西京大学杜永红教授编写了第三章，西安邮电大学王群讲师编写了第四章，西安邮电大学陈静副教授编写了第五章，西京大学危小波教授编写了第六章，西京大学文小森讲师编写了第九章等。本书写作按分工编写，全书由秦成德统稿。

种养业电子商务是一个方兴未艾、日新月异的领域，许多问题尚在发展和探讨之中，观点的不同，体系的差异，在所难免，本书不当之处，恳请专家及读者批评指正。

在本书的撰写过程中，得到了教育部高等学校电子商务类专业教学指导委员会的支持和指导，受到了中国电子金融产业联盟的支持，并得到中国信息经济学会电子商务专业委员会的热情关怀。本书写作过程中，不但依靠了全体撰稿人的共同努力，而且也参考了许多中外有关研究者的文献和著作，在此一并致谢。

编著者

2020 年 9 月

目　录
Contents

第一章　种养业电子商务概论 ……………………………………… 1

　第一节　农业电子商务概述 …………………………………… 3

　第二节　国内外农产品电子商务应用现状 ………………… 7

　第三节　发展农产品电子商务的条件分析 ………………… 10

　第四节　国内外农业供应链的发展 ………………………… 15

　第五节　农业生产信息移动化 ……………………………… 20

　第六节　农产品电子商务的发展前景 ……………………… 25

第二章　种养业电子商务技术 …………………………………… 31

　第一节　移动互联网 ………………………………………… 33

　第二节　云计算 ……………………………………………… 37

　第三节　大数据 ……………………………………………… 43

　第四节　物联网 ……………………………………………… 47

　第五节　5G 通信、人工智能、区块链在农业中的应用 …… 52

第三章　田间种植业电子商务 …………………………………… 61

　第一节　我国田间种植现状与问题 ………………………… 63

　第二节　田间种植智能供应链体系构建 …………………… 67

　第三节　田间种植电子交易市场的可行性 ………………… 72

　第四节　田间种植电子交易市场的构建 …………………… 79

第四章 园艺种植业电子商务 ………………………… 89

第一节 园艺种植业电子商务概述 ……………… 91

第二节 我国园艺种植产品电子商务的发展基础 ……… 97

第三节 国内外园艺种植产品电子商务运营模式案例分析 108

第四节 园艺种植产品电子商务优化模式 ……… 116

第五节 园艺种植产品电子商务模式优化的重点任务 … 121

第五章 养鸡业电子商务 …………………………… 129

第一节 养鸡业电子商务概论 …………………… 131

第二节 中国养鸡产业研究 ……………………… 133

第三节 中国养鸡产业的电商市场 ……………… 136

第四节 "互联网＋养鸡业"的发展 ……………… 145

第六章 养猪业电子商务 …………………………… 151

第一节 养猪业概述 ……………………………… 153

第二节 生猪电子交易市场的构建 ……………… 160

第三节 "互联网＋"智慧养猪平台的构建 ……… 165

第四节 猪肉电子商务 …………………………… 170

第七章 牛羊养殖业电子商务 ……………………… 179

第一节 电商时代牛羊养殖的产业化 …………… 181

第二节 牛羊养殖业电子商务现状 ……………… 183

第三节　国外牛羊养殖业产业化的经验 ……………………… 189

第四节　新形势下的牛羊养殖业电子商务 ……………………… 193

第八章　水产养殖电子商务 …………………………… 207

第一节　水产养殖电子商务概述 ……………………… 209

第二节　我国水产电子商务现存问题 ……………………… 214

第三节　我国水产电子商务发展思路 ……………………… 220

第四节　水产品第三方电子商务平台构建 ……………………… 228

第五节　网上渔市 ……………………………………… 235

第六节　水产养殖水质监测 ……………………………… 242

第九章　电子商务营销直播带货 …………………………… 251

第一节　直播带货介绍 ………………………………… 253

第二节　抖音直播平台优势及操作步骤 ……………………… 257

第三节　快手直播平台优势及操作步骤 ……………………… 259

第四节　微信直播平台优势及操作步骤 ……………………… 261

第五节　淘宝直播平台优势及操作步骤 ……………………… 265

第六节　直播带货技巧 ………………………………… 266

参考文献 ……………………………………………… 273

第一章
种养业电子商务概论

　　开展种养业电子商务就要在农产品生产与流通过程中引入电子商务系统。本章在阐明种养业电子商务概念的基础上介绍了国内外农产品电子商务应用现状，接着分析了我国发展农产品电子商务的条件。参考国外农业供应链的发展及经验，着眼我国农业生产信息移动化，并展望了我国农产品电子商务的发展前景。

	农业电子商务概述
种养业电子商务概论	国内外农产品电子商务应用现状
	发展农产品电子商务的条件分析
	国内外农业供应链的发展
	农业生产信息移动化
	农产品电子商务的发展前景

第一节　农业电子商务概述

一、电子商务背景下的农业

当代信息技术革命突飞猛进，不断创造着令人耳目一新的境界，特别是以互联网 (Internet) 为核心的网络技术的发明与广泛应用，使整个人类社会进入网络经济时代。全球范围内的信息、资源能够在瞬间共享，不再受时间或地域条件的限制，这就大大提高了生产经营和商务贸易的运作效率；同时使经营管理和贸易流程中的各项成本大大降低。因此，在贸易领域中自然而然地引发一场交易方式变革。电子商务这一全新的产物以惊人的速度在发展。诚如美联储主席艾伦·格林斯潘先生于 1999 年 5 月 6 日所言：一种最新的发明创造（信息技术）正在以一种未曾预料的方式开始改变我们的贸易方式，并创造价值，这种方式在五年前还是不可想象的。不可想象的事终究变为了事实，落后的现状也可以变成美好的未来，新经济产生了，传统的农业如何应对？

农业的基础是生产，但市场和流通反过来又决定生产的发展。中国是农业大国，却与发达国家差距很大，发达国家的农业已实现了现代化，而中国尚处在从传统农业向现代农业过渡阶段。处在改革中的中国，政府和社会都希望通过开展农业电子商务活动，以信息化带动农业现代化，发展现代农业，发挥"叠加效应"和"倍增效果"，实现跨越发展。目前从农产品贸易的宏观环境来说，电子商务已作为农产品新兴的流通业态越来越受到整个社会的关注，对中国农产品贸易产生了极大的影响。

农业的基础产业包括种植业和养殖业两大部分，合并称为种养业；种植业和养殖业的产出统称为农产品，是种养业电子商务的客体。

二、农产品电子商务的内涵

农产品电子商务就是在农产品生产、销售、初级加工以及运输过程中全面导入电子商务系统，利用一切信息基础设施来开展与农产品的产前、产中、产后相关的业务活动。

农产品是交易的对象，农产品的概念和农业的概念密切相关。广义农业包括种植业、畜牧业、林业、渔业以及农业服务业，所以广义的农产品包括上述各部门的产品及其初级加工产品。开展农产品电子商务就要在农产品生产与流通过程中引入电子商务系统。生产之前需要利用信息设备搜集最新的需求信息，了解市场动态与趋势，利用市场信息进行生产决策，以保证生产出来的产品能够找到市场；在生产的过程中要及时了解影响农产品生产的各种信息，用以指导生产过程，过程中还要考虑到生产的标准化问题——交易中买卖双方可以通过电子商务平台进行咨询洽谈，签订电子合同，还可以通过网络进行支付结算；在产品运输过程中利用电子商务物流系统来监控整个运输过程。在农业部门应用信息手段开展农产品电子商务，实际上是将现代信息技术、网络技术等与传统农产品生产贸易结合起来，以提高效率，节约成本，扩大农产品的市场范围，改善农业价值链，提高农产品的竞争力。

三、我国农产品电子商务模式

1.综合性第三方电子商务模式

主要是各种买卖产品，包括农业、林业、畜牧业和渔业等各个方面。在这种买卖形式中，第三方电子商务本质上是由销售之外的第三方构建的买卖平台，帮助农民和企业打交道。第三方构建平台，还为客户提供促销、购买与偿付服务。因为平台的开放性，供货商的信息获取也更便捷，方便了购买者通过网络挑选更安全的卖家和更适宜的价格。

2.专业第三方电子商务模式

专业第三方电子商务模式与综合性模式不同，是根据相同的交易渠道，对单一种类的愈加细化，提供买方和卖方的需求。同时基于其专业性，它还将为卖方供给饲养咨询和相关产品的商场研讨和预测，乃至更重要的产品销售区域的贸易方针和风险评价。

3.B2B电子商务模式

随着信息和计算机技术的快速开展，B2B电子商务模式在电子商务交易中发展迅速，交易量也远超其他交易方式，因而，也得到很多人的青睐。原因就在于通过该交易方式可以实现信息对称的印象，从而吸引众多交易者使用。

4.（B+C）2B模式

(B+C)2B模式不同于其他模式，为典型的"企业 + 农户"模式。在此模式下，企业起着带动作用，企业生产力得到提高，相应的竞争力也得到了提高。农产品电子商务企业推动着整个行业健康运行，与此同时，巩固了企业与农户之间的联系，使生产、运送、出售和加工标准化。农产品电子商务，有利于提高农产品的附加值。龙头企业的品牌效应使农民根据需要供给的产品质量得到保证，特别适用于无公害蔬菜等标准化程度较高的作物。这一"企业 + 农户"模式，对于企业和产品走出国门有很大的帮助，使涣散的农户在出售渠道上愈加顺利，具有更好的收入保证，也促进了产业链各环节企业的竞争力。

四、农产品电子商务发展的基础条件

1.电子商务平台

电子商务平台具有交易、谈判和商品信息传递的功用。农产品电子商务平台有许多优点，核心模式是 B2B、B2C 等。电子商务平台服务于个人，同时也服务于中小企业，具有高盈利、低成本、独立营销的优势。

2.农产品标准化

农产品标准化是农产品电子商务中重要的一环，其主要概念不但是对农产品的分类模式进行规范化，同时也要求生产系统规范化。农产品规范化是农产品电子商务的根底，没有农产品规范化系统，农业电子商务的开展将遭到很大约束。在这个阶段，我国已经发现它对这一范畴的开展具有重要意义，并公布了有效方针，努力实现企业规范化和农产品认证。

3.农产品物流配送

受农村地域位置的限制，导致农产品电子商务运输主要以物流配送为主，具体包括农产品流通和经营体制。物流配送体系建设是农产品电子商务发展的首要基础设施。纵观现在的农产品电子商务物流配送体系，主要是归属第三方组织管辖，由农产品电子商务平台的物流系统管理。农产品电子商务卖家在综合考虑运输距离、运输成本、运输仓储等因素的基础上选定农产品物流配送方式与承担方。

4.电子支付

电子商务中最主要的支付方式就是电子支付，常见的方式有：

一是第三方渠道，即除交易双方外的个人或企业，给出支付途径。付款人转账给第三方买卖渠道或第三方付出渠道，在买卖结束或交付产品后向收款人付款，以实现交易达成。二是通过网上银行进行转账。即使用银行卡在网络渠道上的支付方式。顾客使用网上银行服务通过网络与商家洽谈和确认产品，然后通过网上银行服务达成交易。三是货到付款，指商户根据物流配送体系提供的信息分发产品，顾客在收到产品之后付款。

第二节　国内外农产品电子商务应用现状

一、国外农产品电子商务应用现状

目前电子商务在全球开展得如火如荼。欧美发达国家电子商务的发展水平处于世界领先地位，农产品电子商务的应用也很普遍。

美国是开展农产品电子商务最早的国家之一，现已建成世界上最大的农业计算机网络系统 AGNET，该系统覆盖了美国国内的 46 个州、加拿大的 6 个省和美国、加拿大以外的 7 个国家，连通美国农业部、36 所大学和大量的农业企业。目前美国在因特网上的大型专业农业网站已超过 400 个，各种大型的专业农业数据库几十个。一家名为 Rockwood 的调研公司针对美国商业农场主的调查显示，他们已经将互联网作为了解商品价格、天气、农药、机器等信息的重要手段。调查结果显示，农户正在快速转向网络交易。概括来讲，美国农产品电子商务主要应用于以下几方面：信息传播、订单农业、农产品期货、网上交易等。

日本的农业电子商务发展也极为迅速,1994 年年底就已建成农业网络 400 多个,计算机在农业生产部门的普及率达到 93%,目前政府还在实施一项旨在 21 世纪使所有农民拥有计算机的"绿色天国"计划。利用这些先进的计算机网络,农业生产者能更及时、准确、完整地获得市场信息,有效地减少农业经营的生产风险。日本的农产品电子商务系统很发达,主要由两部分组成:一个是由旧本农协自主统计发布的全国 1 800 个综合农业组织的各种农产品的生产数量和价格行情预测系统;另一个是由农产品批发市场联合会主办的市场销售管理信息系统,这个系统与全国 82 个农产品中央批发市场和 564 个地区批发市场以及海关等单位实现了联网,每天实时发布各种销售信息。凭借这两个系统,农民可以方便准确地获取国内市场乃至世界市场的各种农产品信息。

　　法国是欧盟内的第一农业大国,在农业发展过程中,信息化水平也不断提高。政府非常重视计算机和互联网在农业中的应用,提倡各机构团体建立计算机网络,向农民提供农业信息服务。目前已经形成了由政府机构、农业商会、农业科研机构、各种行业组织和专业技术协会、民间信息媒体以及各种农产品生产合作社和互助社构成的多元信息服务体系。它们在服务内容上侧重点各有不同,服务对象和群体规模各有不同,具有良好的互补性。在信息收费方面,官方的信息服务为财政支持,不收费;行业组织、专业技术协会的信息服务,属于其成员的自助、自我服务性质,一般只收取成本费;营利性机构的信息服务,通常是在生产者价格和社会平均利润的范围内收费。这种高度发达的信息服务体系,极大地推动了农产品电子商务的应用。

二、我国农产品电子商务应用现状

农产品电子商务的发展离不开农业信息化,但我国多年来的经济发展政策是优先发展工业等产业,使农业成为弱质产业,其信息化程度也相对滞后。农业网站的信息服务还需要依赖于其他信息设施或者借助于其他渠道才能够到达农民手中。信息落后的问题成为制约农村居民利用信息的瓶颈之一。加上我国农民整体文化水平不高,信息素质比较低,对市场信号反应迟钝,农业生产经营具有较大的盲目性和模仿性。

目前,我国农产品电子商务的应用主要有两种类型:一是由政府主办的供求信息服务型网站。这种类型以中国农业信息网为代表,还包括各级政府组织的涉农网站。政府组织的网站中也有类似 B2B、B2C 形式的。二是由各种经济实体办的商务服务型网站。这种类型的网站主要从事与农产品产、供、销等环节相关的企业商务电子化服务,主体客户为具备一定规模的企业。这种类型的网站发展比较快,基本上采用 B2B 和 B2C 两种形式。

从农产品电子商务发展的程度来看,南方地区要比北方地区发展得速度快一些,东部沿海要比内陆地区发展得快一些。不同地区的农民参与电子商务的意识以及捕捉、利用信息的能力也有很大差别。对广大农民来说,网上销售还有一段距离。然而,沿海经济带富起来的农民,成为我国农村首批网上冲浪者,对时间和信息的重视,将使他们很快进入电子商务实战阶段。从电子商务应用的形式来看,我国既有小麦、棉花、大豆等期货市场,也有农产品网上市场的现货交易。网上经营的品种也改变了过去以粮食、油料、化肥为主的局面,家禽、蔬菜、花卉、园林水果、水产品、茶叶等土特产都已上网。

众所周知,农产品是一种供给弹性较大而需求弹性较小的商品,并且农产品的生产都需要一定的周期,一旦决定本期农产品的生产规模,在生产过程完成之前一般不能中途改变。因此,市价的变动只能影响到下一个生产周期的产量,而本期的产量只会决定本期的价格,这就是经济学中蛛网理论描述的状态。根据这一理论,当商品供给弹性大于需求弹性时,产品价格会处于一种不稳定的状态,价格和产量的波动会越来越大。

第三节　发展农产品电子商务的条件分析

一、我国发展农产品电子商务的必要性

电子商务所具有的开放性、全球性、低成本、高效率的特点,使其大大超越了作为一种新的贸易形式所具有的价值。它一方面破除了时空的壁垒,另一方面又提供了丰富的信息资源。不仅会改变生产个体的生产、经营、管理活动,而且为各种社会经济要素的重新组合提供更多的可能,这些将影响到一个产业的经济布局和结构,例如农产品。我国农产品发展电子商务不仅有其必要性、紧迫性,其产生的效益还有着巨大的潜力可挖。

1. 农产品经济实现跨越式发展的需要

互联网研究与发展中心 2000 年 8 月 8 日在北京首次发布的《中国电子商务指数报告》中,通过比较,辽宁、山东、福建和四川等地的电子商务总体效益可观,发展势头迅猛,见表 1-1。

表 1-1　全国及 12 个地区电子商务相关指数比较

地区	总指数	电子商务交易指数	电子商务基础设施交易指数	电子商务人才资本指数	电子商务效益指数
全国	51.91	50.03	54.64	44.45	37.76
北京	58.25	26.09	64.94	50.33	48.31
广东	57.01	83.57	66.49	53.68	15.10
上海	52.35	41.49	65.45	38.45	24.07
天津	47.11	53.82	30.13	50.48	23.89
四川	44.70	71.58	62.51	32.38	26.26
辽宁	44.58	22.80	45.74	59.21	71.92
福建	44.46	51.80	70.41	40.76	51.36
山东	44.33	8.61	50.19	30.00	79.71
湖北	43.01	2.31	56.38	57.41	47.61
河北	42.25	0.35	0.00	60.00	34.33
浙江	34.27	22.84	61.24	34.61	—
江苏	31.76	21.96	59.40	25.66	—

资料来源：互联网研究与发展中心《中国电子商务指数报告》。

透过这一现象，可以得出一个启示：经济较为落后的地区，其发展电子商务的潜力是否更大？若是这样，那么对于我国较为落后地区的农产品，采用恰当的方式，通过发展其电子商务使之集约化，从而实现跨越式发展应是可能的，也是必要的。

2. 电子商务可以使落后地区的粗放经济更为集约化

电子商务以新生产力为基础，可从生产方式上高度解决从粗放到集约转变的问题。通过网络构建的各种商务平台所开展的电子商务把人和人、企业和企业、人和企业之间紧紧地联系起来，而这些平台本身通过相关的信息也得到丰富和加强。随着时间的推移，便会使企业产生大规模的集中。发达地区的市场本来已经比较集约了，电子商务的作用，是使之更加集约；而不发达地区的市场十分粗放，从粗放变成集约，比已集约化而进一步集约化的效益空间要大。

3.电子商务可以使经济粗放地区的交易费用更为节省

电子商务通过减少中间环节而降低交易成本:电子商务具有"互联网远近成本一样"这样的技术特征,它使经济过程的中间成本耗费不随社会化程度提高而相应提高,反而是交易范围在地域上越大,成本相对越低。

农产品正是信息化水平偏低、交易费用偏高的行业,发展农产品电子商务蕴藏着很大的商机。因此,通过恰当的方式来发展我国的农产品电子商务,显然尤为必要,并由此实现农产品经济的跨越式发展也是可以预期的。

4.传统农产品突破生产的时空限制的需要

电子商务跨越时空限制的特性,使得交易活动可以在任何时间、任何地点进行,非常适合这些分散的买卖主体从网络上获取信息并进行交易。尤其对我国交通不畅、信息闭塞的西部地区意义更为重大。因此,有必要在农产品生产中导入电子商务,充分发挥其所具有的开放性和全球性的特点,打破传统生产活动的地域局限,使农产品生产成为一种全球性活动,每一个网民都可以成为目标顾客。不仅能扩大农产品市场空间,解决生产中出现的"增产不增收"问题,还能为农民创造更多的贸易机会,扩大他们的视野。

5.提高农产品生产的组织化程度的需要

农产品流通不畅已成为阻碍农产品和农村经济健康发展、影响农民增收乃至农村稳定的重要因素之一。其中农产品流通环节长,交易成本高,供需链之间严重割裂造成的农产品的结构性、季节性、区域性过剩,是农产品市场存在的普遍性问题。究其原因,主要有两个方面:一是小而散的生产方式与大市场的矛盾。二是农产品交易手段单一,交易市场管理不规范。

互联网技术的应用,给我国的农产品流通注入了新的生机和活力。从传统模式下的农产品手对手交易,到通过对各种资源的整合,利用先进、便捷的技术,搭建农产品信息应用平台,在网络上组织和实施农产品的交易,这是一个历史的必然趋势,对改善农产品价值链和提高农产品竞争力有着极大的促进作用,也必将对农产品经济体制改革产生深远的影响。

6.创新交易方式,规避农产品价格波动风险的需要

农产品电子商务若能广泛开展,将有助于农户使用更高级的手段来减小国际市场的冲击,从而更好地对抗农产品价格波动的风险,例如农产品的期货交易。

从目前情况看,由于人多地少的现状,农民尚未具备直接进行相关的期货或远期合同交易的条件。但是在今后市场风险加大的背景下,面对激烈的国际市场竞争,他们对规避农产品价格风险的需求是真实的。如果建立起相关农产品集中的网上交易市场,则可以及时发布汇集相关产品价格信息,从而给农产品的产销决策提供参考;若能以网络电子交易为纽带,把分散的套期保值需求集中起来入市操作,也不失为规避农产品价格波动风险、稳定产销的一个好办法。

7.我国农产品自身发展特点的需要

一是我国的一些农副产品,如蔗糖、水果、中药材等其交易的数量大,次数多,市场变化快;其产销变化也非常快,交易对象和主体经常置换,需要不断搜寻新的更合适的交易对象,这都给电子商务的发展提供了很好的机会。二是大宗初级农产品,如蔗糖、玉米等,规格整齐划一,易于标准化,交易量大,比较容易适应电子交易;并且这些农产品的市场竞争激烈、价格波动大、透明度差,通过电子商务可以构造一个全国性的统一市场交易平台,甚至同全球农贸市

场接轨，以帮助此类农产品的产销各方更好地掌握市场脉搏，抓住商机。三是我国盛产的农副产品如各类水果、肉类养殖品等，具有季节性强、易腐烂等特性，要求快速交易及完备的运输储藏手段，这正是电子商务的介入点所在。

二、我国发展农产品电子商务的可行性分析

前文叙述了发展我国农产品电子商务的必要性，以下将从三个方面分析我国农产品企业实施电子商务的可行性。

1. 接受程度

利用电子技术进行商务活动已在我国现实中得到普遍应用，农产品的电子商务这种新型的交易方式以其交易成本低、方便快捷等优势可以迅速吸引大量的客户。包括农产品采购商和供应商等农产品企业，更乐意舍弃传统的交易方式，借助简单、完善的电子化交易规则，实现企业间紧密的合作和沟通，使农产品电子化交易得到增值，产生规模效应。

2. 技术可行性

农产品交易电子商务的实施，根本目的在于改进交易流程，对于技术上的要求在实施初级阶段并不是很高，企业仅仅是利用信息技术进行交易。并且相关的网络技术、数据库技术等已得到大量应用，因此企业无须担心技术投资过大的问题。随着农产品电子商务的逐步实施，农产品企业的内部也必须建立必要的信息系统，以适应变化发展的需要。目前还有很多咨询公司提出了实际的解决方案，这些都为农产品企业实施电子商务提供了技术支持。

3. 经济可行性

从经济上看，许多农产品企业最关心的可能是投资过大，尤其是

信息技术面的投资往往比较巨大，一旦失败，将为企业带来巨大的损失。因此，从长期看，新的交易方式所带来的交易成本的低下及其所带来的回报必将超过技术设施的投资；从另一方面看，农产品是广大百姓的日常必需品，农产品的买卖关系到国计民生，往往受到国家政策的关注和支持，农产品电子商务这种新型的交易方式必将得到政府的鼓励和支持。

综上所述，无论是从人们的接受程度，还是从技术上、经济上，根据农产品企业的实际情况实施不同程度的电子商务交易是可行的。

第四节 国内外农业供应链的发展

农业发展是关系国民经济发展、社会和谐稳定的全局性重大战略问题，实施农业供应链有助于农户得到专业机构的帮助，使其提高生产效率，也有助于农产品加工企业获得到高效优质的农产品，以更好地应对激烈的市场竞争、日益严峻的食品安全要求和消费者多元化需求。中国农业供应链发展较晚，应借鉴国外先进农业供应链发展的经验，积极探索适合中国国情的农业供应链模式。

一、国外农业供应链的发展及经验

1.美国农业供应链的发展及经验

美国农业供应链雏形产生于 20 世纪 80 年代，当时农产品出现了相对供给过剩的状况，一些农场主联合起来，进入农产品加工领域。他们将农产品生产、加工环节结合在一起，实现了供应链的后向一体化协作，通过延长产业链并提供增值服务，以增加农产品的价值，实现增收，由此形成了以提高农产品附加值为目的的新型合作社。可以看出，早期美国的农业供应链组织为农业合作社，农业合作社发挥了核心企业的组织协调职能。而现在越来越多有实力的涉农企业，如农业供应链中的物流企业、加工企业承担了农产品加工—中间商—消费者环节的物流、销售等业务，如 ADM、邦吉、嘉吉、路易达孚国际四大粮商均已形成农场—中转库—港口—出口的粮食供应链，整合起来为客户进行合理的供应链管理规划，将服务范围细化到买化肥、收购农产品、提供信息、解决信贷等多方面，已实现为客户降低 10% 的供应链管理成本，并正着手于全球农产品资源的整合。

总结美国农业供应链发展的经验如下：一是充分发挥有实力的涉农企业的作用，使其成为供应链的管理者。二是充分借助政府提供的农业供应链信息化平台，注重信息共享，为农户和涉农企业提供市场价格、国家政策、培训技术等方面的信息，从而指导生产，避免供需波动过大的情况出现。

2.日本农业供应链的发展与经验

日本围绕最终实现大规模现代化农业生产，于 1947 年制定颁布了《农业协同组合法》，旨在发挥当地农协组织的作用。20 世纪 60年代，倡导大规模平整土地及农田建设，70 年代发展农机设备。同时政府采用优惠政策促进农协为农户提供种植技术、供应生产物资（化肥）、销售农副产品、协助贷款并办理农业保险等服务，克服了分散土地不易实现农业大规模生产的局限。如今农协在农户、流通中间商、消费者间起到了至关重要的桥梁作用。

目前，日本有近 99% 的农民加入了农协，而 80%~90% 的农产品由农户提供给农协（产地供货团体），再供应给农产品批发商，最后至消费者手中。

总结日本农业供应链模式的经验如下：一是农协作为供应链管理的核心成员发挥着构建体系并管理供应链成员的作用。二是农协有丰富的经营管理及组织系统，有保管设施、冷风冷藏设施、配送设施、加工设施等设备优势。三是农协一方面将供应链的上游——农户，另一方面将供应链的下游——大型连锁超市和批发商整合在供应链中，注重物流信息共享，并对供应链上的所有成员在物流过程中进行规范化、标准化管理。

3. 欧洲国家农业供应链的发展及经验

在欧洲，综合大型超市在流通过程中占有主导地位，综合大型超市连接从农户到消费者的各个环节。以德国水果供应链为例，其环节一般为果农—水果贸易联合体—综合型超市—消费者。综合大型超市在其中发挥着管理农业供应链的作用，为果农提供技术、农用物资，为水果贸易联合体提供从订单、仓储物流，最终到消费者手中的过程管理。

总结欧洲的农业供应链经验如下：一是以具有优势的综合大型超市占主导地位。二是政府提供先进的整条供应链信息平台，加入该平台的欧盟国家可通过网络直接联系到农产品供应基地，并在平台上完成订货、运输线路规划及监控、入库和在库查询的仓库管理等供应链信息管理的工作。三是强调信息规范和标准化，体现在欧盟对农产品包装有着严格的要求，例如必须提供包括产品名称、生产者信息及各环节交易日期和时间等信息，2/3 以上农户可从网上获取信息。四是制定了一系列关于供应链管理的新法规，法规中强调了风险评估和质量管理流程体系。五是注重提供个性化增值服务（如个性化包装），以挖掘供应链的价值。

在上述各国农业供应链中，政府起着引导和支持作用，而核心企业发挥着举足轻重的作用。故在实施农业供应链管理时，应注重核心企业的选择培育，同时核心企业应重视供应链体系的构建，以双赢的理念获得供应链上其他企业的支持，重视供应链信息管理系统建设，借助供应链物流系统提供增值化服务。

二、中国农业供应链模式探索

结合中国的农业合作社实力较弱而农产品加工企业实力相对较强及综合超市实力也在逐渐增强的现状，建议构建以农产品加工企业或以大型综合超市为核心的供应链模式。

中国一些有实力的农产品加工企业已在积极探索实践农业供应链模式。例如国田公司：①首先确定国田公司为供应链的核心企业。②土地集约化以利于规模化生产，借助农业合作社使零散的种植户形成种植基地组织。③核心企业——国田公司管理着种植基地组织、农产品批发、农产品零售等企业。④借助科研机构或高校，提高种子改良技术水平。⑤充分发挥第三方物流运输企业作用，最终完成该条供应链全过程。如图 1-1 所示。

综合以上分析，核心企业起着关键作用。核心企业重点工作为构建供应链体系及对供应链实施过程的管理，政府应营造供应链管理的氛围，如采用政策引导、搭建信息平台等促进供应链模式的发展。针对核心企业，从以下四个方面提出建议措施。

1. 构建稳固的集成化供应链体系是工作有效开展的前提

供应链模式中核心企业承担着整个供应链的管理工作，构建稳固的集成化组织系统是工作有效开展的前提。在此基础上，进一步整理零散的土地，以利于开展大规模现代化农业生产。在此过程中，政府发挥了牵线搭桥的作用。

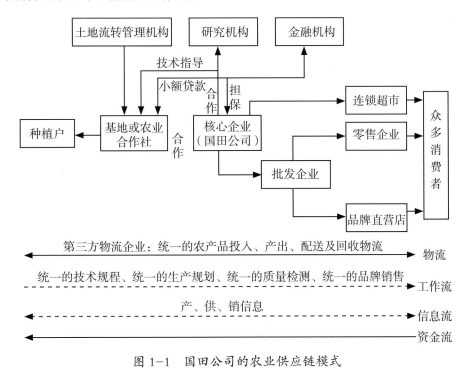

图 1-1 国田公司的农业供应链模式

2. 以沟通、共赢为合作原则

农民是农业供应链管理的起点及关键点，保护农民权益，处理好企业与农民之间的关系，是影响农业供应链持续发展的关键。故应在平等自愿的基础上，在利润分配、统一管理、风险共担等方面签订合作框架协议。做到信息公开透明，特别是农民及客户都关注的采购价格及销售价格方面的信息。

3. 克服短板效应，提升供应链整体竞争实力

以优质高产为核心，对整个工作流进行控制，生产前可与农业院校及科研单位开展品种改良等方面的合作，做好育种、选种工作；生产过程中，加强与专业合作社合作，由合作社为农户提供技术方面的支持，同时与农机制造企业合作，以租赁或与金融机构合作以融资租赁的方式为农民提供适合大规模生产所需的先进农机设备，

以克服农民在资金流方面的困难；产后应加强与第三方物流企业合作,做好运输、仓储、包装、配送等流通过程中的一体化物流管控工作,做到无缝连接,从而实现快速低耗,既保持产品新鲜度,为创建产品品牌打下坚实的基础,又降低了转运的损耗及费用。

4.关注客户价值,提升农产品品牌形象

由于信息分散且变化频率快,加上中国农村相对落后的现实,这将成为制约中国农业供应链发展的因素。面对竞争激烈的市场,除优质高产外,还需关注客户关系管理,保持与客户互动关系以及时发现需求变化,及时从产品、服务、人员、形象和个性化需求方面挖掘价值潜力,提升农产品品牌形象。

第五节　农业生产信息移动化

一、农业生产信息移动化管理的概念

21世纪是信息农业的世纪,农业信息化对农业的发展越来越重要。如果没有农业信息化,就不可能有农业的现代化。

中国电子信息产业发展研究院将农业信息化定义为：利用现代信息技术和信息系统为农业产供销及相关的管理和服务提供有效的信息支持,并提高农业的综合生产力和经营管理效率的相关产业的总称。

具体内容包括：农民生活消费信息化；农业生产管理信息化；农业科学技术信息化；农业经营管理信息化；农业市场流通信息化；农业资源环境信息化和农业管理决策信息化。

农业生产信息移动化管理就是整合中国移动 PPC 手机平台、

GPS平台、互联网资源和微型数据库技术实现农业生产现场管理与后台决策完美结合的新一代信息管理技术，属于农业生产管理信息化子类，但又兼科学技术、经营管理、资源环境和管理决策信息化功能，它的基本特征是建设成本低廉，实现起来简单，应用灵活方便，反应速度迅速，数据准确高效。

二、农业生产信息移动化管理的主要内容

管理措施的异地实时修改和讨论；耕地面积GPS高精度快速定位、丈量及大比例尺地形图的测绘；播期、施肥、气象、收获等田间管理数据的现场记载和决策分析；生产数据的实时发送、处理和接收。

三、农业生产信息移动化管理的实现方法

1.农业生产信息移动化管理必需的软硬件条件

中国移动SMS、MMS、E-mail、GPRS平台；基于微软Windows Mobile的PPC手机；高性能蓝牙GPS接收天线；Excel移动版电子表格软件，List Pro 5.0移动微型数据库软件，Resco Rcapture手机屏幕截图软件，GPSTuner面积、轨迹、海拔测量软件，GPS时间校准器和GPS位置信息嵌入照片EXIT软件，Google Earth Pro绘图软件。

2.农业生产信息移动化管理的实现步骤

（1）管理流程　管理流程如图1-2所示。

（2）实现步骤

1）撰写项目实施计划设计方案　比如要完成1000公顷马铃薯病虫害大面积防治任务，在实施计划设计方案里必须明确各个阶段的生产措施、技术路线和生产现场管理人员的分工。

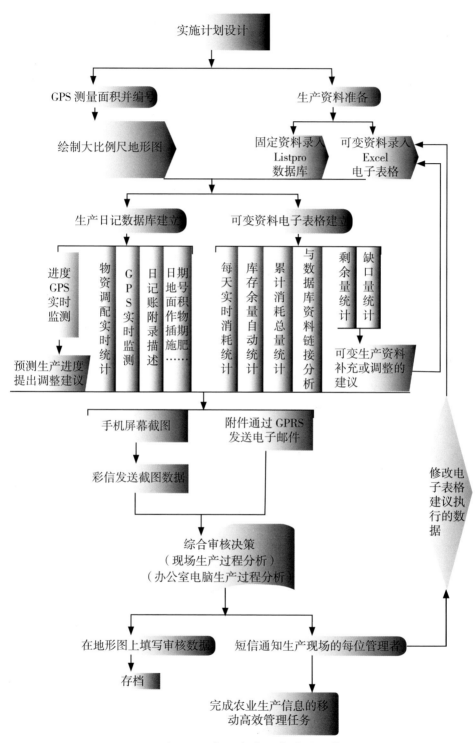

图 1-2　农业生产信息移动化管理流程

2）软件安装　在 PPC 手机上完成 GPSTuner 面积测量软件、E-mail 收发软件、List Pro 5.0 移动微型数据库软件、Resco Rcapture 手机屏幕截图软件、GPS 时间校准器以及 GPS 端口配置等软件的安装，在台式电脑或笔记本电脑上安装 Google Earth Pro 绘图软件、List Pro 5.0 和 GPS 位置信息嵌入照片 EXIT 软件。

3）建立基础数据库　首先根据设计方案列入的行政辖区位置用 GPS 测量各个地块的实际面积并编上地块号，每一块地记录一个包含经纬度、海拔信息、户主姓名为标志的航点作为该地块唯一的身份标志名称，同时记录 KML 轨迹数据，最后在 Google Earth Pro 地图上绘制大比例尺地形图，用 Photoshop 清理背景色彩后打印出地形图分发给每位生产现场管理者，供生产记录和文本建档使用。

其次根据准备的生产资料把所用到的诸如喷雾器、车辆、防毒器具等固定资料录入 List Pro 5.0 数据库，把农药、劳动力、燃油、电力能耗、电话号码等可变资料录入 Excel 电子表格，完成基础数据库的建立。

4）实时统计分析　第一，生产现场管理者建立生产日记数据库，在 List Pro 5.0 里面建立日期、地号、航点、面积、作物、播期、效率、施肥量、农药类型等字段组成的基本资料库。

第二，在每天的日记账附录里描述每日大事记录；根据田间的劳动力配置数量用 GPS 测定生产进度并记录到 List Pro 5.0 的效率字段，预测生产进度并提出劳动力调配生产建议；实时统计农药等资料在对应地块的使用数量；应用 GPS 时间校准器校正手机时间后拍摄相关照片链接到 List Pro 5.0 日记数据库里面，以备后期回忆和 GPS 定位查验。

第三，在 Excel 电子表格里记录每天各农药品种、劳动力、燃料等的消耗量和累计量，同时自动统计库存剩余量，手动连接 List Pro 5.0 数据库，查看可变生产资料有剩余还是供应量不足，如果过剩则及时反馈给生产资料供应人员退货，如有缺口则及时调货补充，做到对农业生产过程的实时数字化动态管理。

5）信息共享　管理员要及时详细地掌握各个生产现场的实际作业进度，因此生产现场管理者首先需要利用 Resco Rcapture 手机屏幕截图软件截取经过缩放的 List Pro 5.0 或 Excel 里面的统计数据，通过中国移动 GPRS 平台发送截图到管理员手机，管理员接收数据，实现信息临时共享。

然后，现场管理者每隔几天再把 List Pro 5.0 和 Excel 生成的数据文件以附件形式通过中国移动 E-mail 平台发送电子邮件到管理员电子邮箱，管理员就可以使用生产现场管理者在实际生产过程中的统计数据，结合办公室电脑经过综合分析和会议讨论就可以最快的速度做出科学审核决策。

管理员再通过互联网把决策数据发送到生产现场管理者的智能PPC 手机上，生产现场管理者进一步修正 Excel 表格里面的待执行数据，然后在各自的大比例尺地形图上填写审核数据后过账存档，并在生产中执行，至此实现生产信息完全共享，全面完成农业生产信息移动化高效管理的任务。

四、农业生产信息移动化管理的优势和应用前景

农业生产信息移动化管理是基于移动平台和智能 PPC 手机，以信息化为大背景，灵活自由的现场数字化技术管理体系。突破了目前生产信息管理局限于办公室、固定于互联网、生产信息及生产控制的反馈严重滞后于生产过程的主观模拟管理模式，实现了生产过

程信息管理的数字化和移动化。

它能够采集到大量的数字决策信息，把农村或农业企业零散的管理资源集中起来统筹使用，具有即时反馈生产问题、实时查询生产数据、高效调配生产资料、实时指导生产现场等多方面的先进性。它能够使基地建设分散化、高效化，使无线移动办公的效能得到最大限度的发挥，是一种高度超前的信息化立体管理模式，是对现代农业信息化技术的发展和创新。在农业企业经营管理、农业新技术推广、生产建设兵团管理等方面蕴藏着巨大的超时空优势和低成本优势，具有十分广阔的开发应用前景。

第六节　农产品电子商务的发展前景

一、我国农产品电子商务的发展现状

我国信息产业在这几年得到飞速发展，积极实施以信息化带动工业化、以工业化促进信息化战略。以应用为主导，以资源整合为重点，以电子政务建设为突破口，国民经济和社会信息化建设取得了比较明显的成绩。

信息化水平的不断提高，网民数量的增多以及社会公众对网络的认知程度不断加深，为电子商务的应用与普及奠定了基础，农产品电子商务开始起步。全国注册的涉农网站包括许多特色县域经济的网站。这些网站为扩大当地农产品和农产品加工业的知名度，促进当地经济发展做出了一定贡献。各省级的农业部门也纷纷成立农业网站，整合了和当地农业生产密切相关的农业信息，为农民以及农产品加工企业、农产品经营者提供信息服务。涉农网站中还有一部

分由涉农企业、农产品联合会、农业协会自己组织建立的。这些网站宣传自己的形象,提高产品知名度,也对广大的农户提供技术支持。这些网站多是由企业、协会自己建立、管理的。随着我国农产品市场对外开放范围的不断增大,为提升我国农产品的市场知名度,加强农产品在国际、国内市场的竞争力,必须要采取各种措施加快农产品电子商务的发展。

二、我国农产品电子商务发展存在的障碍

虽然近年来我国农村信息化建设日新月异,互联网络在农业中应用的势头发展迅猛,但是其背后还存在着问题,电子商务在农产品中推广应用仍存在着一些障碍。

1.网络基础设施仍不完善

中国农村人口较多,但是上网人数相对较少。同我国的地形梯级分布相似,我国不同地区使用数字技术的程度也呈梯级分布。只不过方向刚好相反,表现为东部沿海城市数字化程度相对来说比较高,而中西部地区数字化程度较低。无论是实际上网人数,还是上网人数所占人口比例,东部省区都大大超过中西部地区。我国地域辽阔,各地区经济、文化、技术水平发展不平衡,中国农业网络营销环境的发展水平也极不平衡。

2.农业信息资源建设仍存在问题

我国已建立了多个与农业相关的网站,但大部分网站都未必能真正直接深入乡镇一级收集信息。许多农民仍未看到网站上的信息,不少农村地区仍是被电子商务遗忘的角落。在信息资源建设中,信息报送的约束和激励机制仍没有建立,目前我国农业信息报送主要是传统的农情信息报送。报送约束机制主要是行政指令,服务对象

是农业行政管理部门的领导及有关部门，报送内容主要是农业生产进度、灾害情况。虽然目前农业信息网上可以进行信息查询，但找到的信息还比较杂乱，急需进行信息资源的积累、整合。

3.农民的整体文化程度偏低

我国大多数农民文化程度低，缺乏现代农业技术知识，造成农产品产量、质量标准很难符合市场需求，缺乏市场竞争能力。农民文化程度是农民科学文化素质的重要衡量标准。改革开放以来，我国农民文化程度有了很大提高。应该看到，农村劳动力文化程度存在着较大的地区差异，与发达国家相比差距更大，这与全面建设农村小康社会，促进农村经济社会全面发展，实现农村现代化的要求是极不匹配的。

目前国内农产品企业网络营销的整体发展还处在初级阶段，缺乏大量的既懂网络技术又懂农产品营销的复合型人才，需要有一个培养过程。

4.农业电子商务面临的信用问题

一方面，我国农产品的流通目前尚处在市场化的初级阶段，信用机制并没有完全建立起来。即使是"订单农业"，也有不少合同难以兑现的情况。另一方面，农业网站的发展突飞猛进，难免鱼龙混杂，加之互联网的信用机制和约束机制也正处在探索初期，一些"网上骗子"借机行骗，给农民上网从事经贸活动带来了严重的负面影响。

5.农产品品牌建设滞后

农产品生产缺乏品牌不仅是我国农产品电子商务发展过程中的一大问题，也是我国农产品生产贸易过程中的通病。我国农产品市场有时会出现"供给过剩"现象，专家指出，这种农产品过剩实质上是结构性过剩，表现为无品牌或没有名气的农产品的过剩和滞销，而知名品牌的农产品则从来没滞销过。由于大多数农产品难以实施品牌战略，难以保证产品质量，致使小生产与大市场的矛盾日渐突出，也影响了农业大生产、大市场、大流通格局的形成，影响了我国农产品在国际市场竞争力的进一步提升，也阻碍了我国农产品电子商务的开展。

6.生产过程缺少标准控制

农产品标准化就是按照标准生产农产品的全过程，实行农产品质量、等级的统一标准，为市场交易各方提供信息便利，以促成交易，降低交易成本，提高市场运行效率。我国的农业标准化体系由国家标准、行业标准、地方标准和企业标准构成，包括无公害标准、绿色标准、有机标准等，标准化要求权威机构（政府或行业协会）来贯彻施行。农产品标准化是农业生产适应现代大市场大流通的必然要求。农产品标准化在大多数市场经济发达国家已得到普及。我国的许多特色农产品还处于粗放式生产状态，生产管理中标准化程度不足，产品缺乏质量竞争力，很难取得市场竞争优势，也阻碍了出口的增长。

顺丰优选——生鲜电商

顺丰优选这一凭借快递起家的生鲜电商是一种比较典型的模式。电子商务中唯一一个没有彻底电商化的行业就是农业，顺丰公司的CEO王卫选择从快递行业跨界到生鲜电商，是很有雄心的。在王卫看来，选择依托顺丰快递做生鲜电商具有其他平台所不具备的优势。

顺丰从2012年开始进入电商行业，首先推出的便是生鲜这一顺丰优选的平台，凭借顺丰传统的物流基础，组建了一套成熟完备的冷链系统，其做法包括购置大量冷冻箱、冷藏箱、保温袋、冰袋、冰盒等温控设备，并且投入上千万元进行研发专业的制冷、保鲜设备。"顺丰优选"这一顺丰速运旗下的电商网站正式上线于2012年5月31日，面向中高端客户群服务，专注高端食品，以全球安全优质美食为主，进行进口食品、水果、酒及其他物品配送。

从整个生鲜电商的布局来看，顺丰未来最大的竞争力依然来自社区O2O。顺丰优选定位于中高端的精品社区超市，也就意味着接下来顺丰优选的生鲜从冷库到消费者之间，只有最后一公里的距离，因为是全自营的模式，所以即便是京东到家，来自顺丰的竞争也不容小觑。但毕竟顺丰做快递的品牌给消费者留下了非常深刻的印象，因此在生鲜领域品牌的塑造还需要一段时间。

从案例中可以看出顺丰的生鲜水产的优势：生鲜水产电商对物流配送要求非常高，而这恰恰是顺丰的强项。生鲜水产电商对仓储的要求十分苛刻，顺丰在全国各大城市拥有许多仓储配送地，这也是其他平台所没有的优势。

本章小结

农业部门应用信息手段开展种养业电子商务，实际上是将现代信息技术、网络技术等与传统种养业生产贸易结合起来，以提高效率，节约成本，扩大农产品的市场范围，改善农业价值链，提高农产品的竞争力。本章介绍了国内外农产品电子商务应用现状，种养业电子商务的发展离不开农业信息化，虽然我国多年来的经济发展政策是优先发展工业等产业部门，使农业成为弱质产业，其信息化程度也相对滞后，但是随着农村扶贫工作的开展，农业电子商务得到了迅猛发展，成绩已受到世界各国的瞩目。本章也介绍了我国发展农产品电子商务的条件，并参考国外农业供应链的发展经验，提高我国农业生产信息移动化水平，我国农产品电子商务的发展前景是光明的。

第二章
种养业电子商务技术

　　我国发展现代农业，面临着资源紧缺与资源消耗过大的双重挑战。移动互联网、大数据、云计算、物联网等现代信息技术将为农业生产过程中量化分析、智能决策、变量投入、定位操作的现代农业生产管理体系提供有益手段，进一步将5G技术、人工智能、区块链等在农业领域广泛应用，并将进一步促进信息技术与种养业现代化的融合。

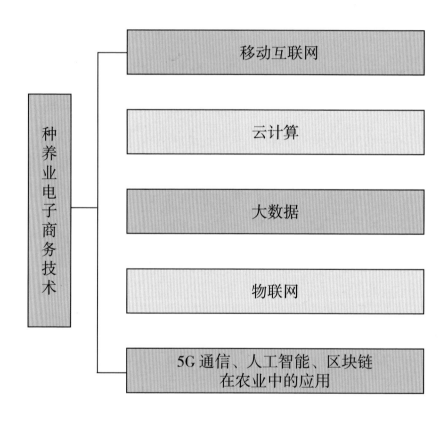

第一节　移动互联网

一、移动互联网的概念

移动互联网是通信网和互联网的融合，指用户能够通过手机、PDA 或其他手持终端以无线方式通过多种网络 (WLAN、BWLL、GSM 和 CDMA 等) 接入互联网。

由以上定义可以看出，移动互联网包含两个层次。首先是一种接入方式或通道，运营商通过这个通道为用户提供数据接入，从而使传统互联网移动化；其次在这个通道之上，运营商可以提供定制类内容应用，从而使移动化的互联网逐渐普及。

本质上，移动互联网是以移动通信网作为接入网络的互联网及服务，其关键要素为移动通信网络接入；面向公众的互联网服务，包括 WAP 和 Web 两种方式，具有移动性和移动终端的适配性特点；移动互联网终端，包括手机、专用移动互联网终端和数据卡方式的便携式电脑。图 2-1 所示为移动互联网的内涵。

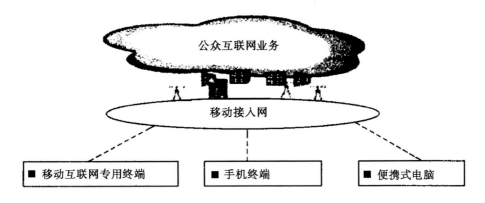

图 2-1　移动互联网的内涵

移动互联网的立足点是互联网，显而易见，没有互联网就不可能有移动互联网。从本质和内涵来看，移动互联网继承了互联网的核心理念和价值，如体验经济、草根文化和长尾理论等。移动互联网的现状具有三个特征：一是移动互联网应用和计算机互联网应用高度重合，主流应用当前仍是计算机互联网的内容平移。数据表明，目前在世界范围内浏览新闻、在线聊天、阅读、看视频和搜索等是排名靠前的移动互联网应用，同样这也是互联网上的主流应用。二是移动互联网继承了互联网的商业模式，后向收费是主体，运营商代收费生存模式加快萎缩。三是 Google、腾讯和百度等互联网巨头快速布局移动互联网。这三个特征也表明移动互联网首先是互联网的移动。

移动互联网的创新点是移动性，移动性的内涵特征是实时性、隐私性、便携性、准确性和可定位等，这些都是有别于互联网的创新点，主要体现在移动场景、移动终端和移动网络三个方面。在移动场景方面，表现为随时随地的信息访问，如手机上网浏览；随时随地的沟通交流，如微信聊天；随时随地采集各类信息，如手机 RFID 应用等。在移动终端方面，表现为随身携带、更个性化、更为灵活的操控性、越来越智能化，以及应用和内容可以不断更新等。在移动网络方面，表现为可以提供定位和位置服务，并且具有支持用户身份认证、支付、计费结算、用户分析和信息推送等功能。

移动互联网的价值点是社会信息化，互联网和移动性是社会信息化发展的双重驱动力。首先，移动互联网以全新的信息技术、手段和模式改变并丰富人们沟通交流等生活方式。例如，手机微博提供了一种全新便捷的沟通交流方式。其次，移动互联网带来社会信息采集、加工和分发模式的转变，将带来新的广阔的行业发展机会，基于移动互联网的移动信息化将催生大量的新的行业信息化应用。例如，IBM 推进的"智慧地球"计划，很大程度上就是将物联网与移动互联网应用相结合，而将移动互联网和电子商务有效结合起来就拓展出移动商务这一新型的应用领域。

目前，移动互联网上网方式主要有 WAP 和 WWW 两种，其中 WAP 是主流。WAP 站点主要包括两类网站，一类是由运营商建立的官方网站，如中国移动建立的移动梦网，这也是目前国内最大的 WAP 门户网站之一；另一类是非官方的独立 WAP 网站，建立在移动运营商的无线网络之上，但独立于移动运营商。

二、移动互联网的特点

区别于传统的电信和互联网网络，移动互联网是一种基于用户身份认证、环境感知、终端智能和无线泛在的互联网应用业务集成。最终目标是以用户需求为中心，将互联网的各种应用业务通过一定的变换在各种用户终端上进行定制化和个性化的展现，它具有典型的技术特征。

1. 技术开放性

开放是移动互联网的本质特征，移动互联网是基于 IT 和 CT 技术之上的应用网络。其业务开发模式借鉴 SOA 和 Web2.0 模式将原有封闭的电信业务能力开放出来，并结合 Web 方式的应用业务层面，通过简单的 API 或数据库访问等方式提供集成的开发工具给兼具内容提供者和业务开发者的企业和个人用户使用。

2. 业务融合化

业务融合在移动互联网时代下催生，用户的需求更加多样化和个性化，而单一的网络无法满足用户的需求，技术的开放已经为业务的融合提供了可能性及更多的渠道。融合的技术正在将多个原本分离的业务能力整合起来，使业务由以前的垂直结构向水平结构方向发展，创造出更多的新生事物。种类繁多的数据、视频和流媒体业务可以变换出万花筒般的多彩应用，如富媒体服务、移动社区和家庭信息化等。

3. 终端的集成性、融合性和智能化

由于通信技术与计算机技术和消费电子技术的融合，移动终端既是一个通信终端，也成为一个功能越来越强的计算平台、媒体摄录和播放平台，甚至是便携式金融终端。随着集成电路和软件技术的进一步发展，移动终端还将集成越来越多的功能。终端智能化由芯片技术的发展和制造工艺的改进驱动，二者的发展使得个人终端具备了强大的业务处理和智能外设功能。很多增值业务可以方便运行，如股票、新闻、天气、交通监控和音乐图片下载等，实现"随时随地为每个人提供信息"的理想目标。

4. 网络异构化

移动互联网的网络支撑基础包括各种宽带互联网络和电信网络，不同网络的组织架构和管理方式千差万别，但都有一个共同的基础，即 IP 传输。通过聚合的业务能力提取，可以屏蔽这些承载网络的不同特性，实现网络异构化上层业务的接入无关性。

5. 个性化

由于移动终端的个性化特点，加之移动通信网络和互联网所具备的一系列个性化能力，如定位、个性化门户、业务个性化定制、个性化内容和 Web 2.0 技术等，所以移动互联网成为个性化越来越强的个人互联网。移动互联网业务的特点不仅体现在移动性上，可以"随时、随地、随心"地享受互联网业务带来的便捷，还表现在更丰富的业务种类、个性化的服务和更高服务质量的保证上。当然，移动互联网在网络和终端方面也受到了一定的限制。

6.终端移动性

移动互联网业务使得用户可以在移动状态下接入和使用互联网服务，移动的终端便于用户随身携带和随时使用。

7.终端和网络的局限性

移动互联网业务在便携的同时也受到了来自网络能力和终端能力的限制，在网络能力方面，受到无线网络传输环境和技术能力等因素限制；在终端能力方面，受到终端大小、处理能力和电池容量等的限制。

8.业务与终端、网络的强关联性

由于移动互联网业务受到了网络及终端能力的限制，因此其业务内容和形式也需要适合特定的网络技术规格和终端类型。

9.业务使用的私密性

在使用移动互联网业务时，所使用的内容和服务更私密，如手机支付业务等。

第二节 云计算

一、云计算的内涵

云计算是一种新兴的商业计算模型。它将计算任务分布在大量计算机构成的资源池内,使各种应用系统能够根据需要获取计算力、存储空间和各种软件服务。这种资源池称为"云"。"云"是一些可以自我维护和管理的虚拟计算资源,通常为一些大型服务器集群,包括计算服务器、存储服务器、宽带资源等。云计算将所有的计算资源集中起来，并由软件实现自动管理，无须人为参与。这使得应用提供者能够更加专注于自己的业务，有利于创新和降低成本。

云计算是网格计算、分布式计算、并行计算、效用计算、网络存储、虚拟化、负载均衡等传统计算机技术和网络技术发展融合的产物。它旨在通过网络把多个成本相对较低的计算实体整合成一个具有强大计算能力的完美系统，并借助软件即服务、平台即服务、基础设施即服务、成功的项目群管理等先进的商业模式，把强大的计算能力分布到终端用户手中。

云计算经常与并行计算、分布式计算和网格计算相混淆。云计算是网格计算、分布式计算、并行计算、效用计算网络存储、虚拟化、负载均衡等传统计算机技术和网络技术发展融合的产物。它旨在通过网络把多个成本相对较低的计算实体整合成一个具有强大计算能力的完美系统，并借助先进的商业模式把这强大的计算能力分布到终端用户手中。云计算的一个核心理念就是通过不断提高"云"的处理能力，进而减少用户终端的处理负担，最终使用户终端简化成一个单纯的输入输出设备，并能按需享受"云"的强大计算处理能力。

云计算的基本原理是，使计算分布在大量的分布式计算机上，而非本地计算机或远程服务器中，企业数据中心的运行将与互联网更加类似，如图 2-2 所示。这使得企业能够将资源投入到用户需要的应用上，并根据需求访问计算机和存储系统。

云计算在广泛应用的同时还有云存储作为其辅助。所谓"云存储"，就是以广域网为基础，跨域、跨路由来实现数据的无所不在，无须下载、无须安装即可直接运行，实现一种云计算架构。最简单的云计算技术在网络服务中已经随处可见，例如搜索引擎、网络信箱等，使用者只要输入简单指令即能得到大量的信息。

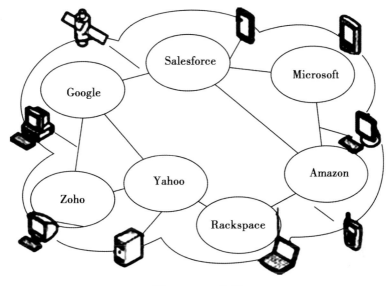

图 2-2 云计算

以云计算为代表的分布式网络信息处理技术正是为了解决互联网发展所带来的巨量数据存储与处理需求，而在物联网规模发展后产生的数据量将会远远超过互联网的数据量，海量数据的存储与计算处理需要云计算技术的应用。规模化是云计算服务物联网的前提条件，实用技术是云计算服务物联网的实现条件。

二、云计算的特点

1. 超大规模

"云"具有相当的规模，早在 2013 年，Google 云计算已经拥有 100 多万台服务器，Amazon、IBM、Microsoft、Yahoo 等的"云"均拥有几十万台服务器。企业私有云一般拥有数百上千台服务器。"云"能赋予用户前所未有的计算能力。

2. 虚拟化

云计算支持用户在任意位置、使用各种终端获取应用服务。所请求的资源来自"云"，而不是固定的有形的实体。应用在"云"中某处运行，但实际上用户无须了解，也不用担心应用运行的具体位置。只需要一台笔记本或者一个手机，就可以通过网络服务来实现我们需要的一切，甚至包括超级计算这样的任务。

3.高可靠性

"云"使用了数据多副本容错、计算节点同构可互换等措施来保障服务的高可靠性，使用云计算比使用本地计算机可靠。

4.通用性

云计算不针对特定的应用，在"云"的支撑下可以构造出千变万化的应用，同一个"云"可以同时支撑不同的应用运行。

5.高可扩展性

"云"的规模可以动态伸缩，满足应用和用户规模增长的需要。

6.按需服务

"云"是一个庞大的资源池，可以按需购买；"云"可以像自来水、电、天然气那样计费。

7.极其廉价

由于"云"的特殊容错措施可以采用极其廉价的节点来构成"云"，"云"的自动化集中式管理使大量企业无须负担日益高昂的数据中心管理成本，"云"的通用性使资源的利用率较之传统系统大幅提升，因此用户可以充分享受"云"的低成本优势。

总之，云计算服务应该具备以下几条特征：①用户不知道数据来源。②基于虚拟化技术快速部署资源或获得服务。③实现动态的、可伸缩的扩展。④按需求提供资源，按使用量付费。⑤通过互联网提供、面向海量信息处理。⑥用户可以方便地参与。⑦形态灵活，聚散自如。⑧减少用户终端的处理负担。图2-3为组成云计算的系统。

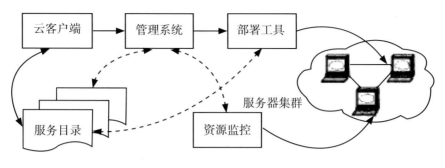

图 2-3　组成云计算的系统

三、云计算的服务形式

云计算还处于发展阶段,有各类厂商在开发不同的云计算服务。云计算的表现形式多种多样,简单的云计算在人们日常网络应用中随处可见,目前,云计算的主要服务形式有软件即服务、平台即服务、基础设施即服务。

1. 软件即服务

软件即服务提供商将应用软件统一部署在自己的服务器上,客户根据需求通过互联网向供应商订购应用软件服务,服务提供商根据客户所定软件的数量、时间的长短等因素收费,并且通过浏览器向客户提供软件的模式。这种服务模式的优势是,由服务提供商维护和管理软件、提供软件运行的硬件设施,用户只需拥有能够接入互联网的终端,即可随时随地使用软件。这种模式下,客户不再像传统模式那样花费大量资金在硬件、软件、维护人员上,只需要支付一定的租赁服务费用,通过互联网就可以享受到相应的硬件、软件和维护服务,这是网络应用最具效益的营运模式。对于小型企业来说,软件即服务是采用先进技术的最好途径。实际上云计算 ERP 正是继承了开源 ERP 免许可费用只收服务费用的最重要特征,是突出了服务的 ERP 产品。

2. 平台即服务

把开发环境作为一种服务来提供。这是一种分布式平台服务，厂商提供开发环境、服务器平台、硬件资源等服务给客户，客户在其平台基础上定制开发自己的应用程序，并通过其服务器和互联网传递给其他客户。平台即服务能够给企业或个人提供研发的中间件平台，提供应用程序开发、数据库、应用服务器、试验、托管及应用服务。

3. 基础设施即服务

基础设施即服务是把厂商的由多台服务器组成的"云端"基础设施，作为计量服务提供给客户。它将内存、I/O 设备、存储和计算能力整合成一个虚拟的资源池，为整个业界提供所需要的存储资源和虚拟化服务器等服务。这是一种托管型硬件方式，用户付费使用厂商的硬件设施。基础设施即服务的优点是用户只需低成本购买硬件，按需租用相应计算能力和存储能力，大大降低了用户在硬件上的开销。图 2-4 为云计算系统服务层次结构。

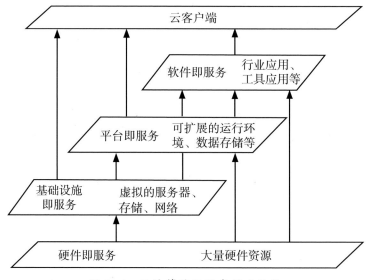

图 2-4　云计算系统服务层次结构

第三节　大数据

一、大数据的内涵

研究机构 Gartner 对于大数据给出了这样的定义，大数据是需要新处理模式才能具有更强的决策力、洞察发现力和流程优化能力的海量、高增长率和多样化的信息资产。

大数据技术的战略意义不在于掌握庞大的数据信息，而在于对这些含有意义的数据进行专业化处理。换言之，如果把大数据比作一种产业，那么这种产业实现盈利的关键在于提高对数据的"加工能力"，通过"加工"实现数据的"增值"。

从技术上看，大数据与云计算的关系就像一枚硬币的正反面一样密不可分。大数据必然无法用单台的计算机进行处理，必须采用分布式架构。它的特色在于对海量数据进行分布式数据挖掘，但它必须依托云计算的分布式处理、分布式数据库和云存储、虚拟化技术。

随着"云"时代的来临，大数据也吸引了越来越多的关注。著云台的分析师团队认为，大数据通常用来形容一个公司创造的大量非结构化数据和半结构化数据，这些数据在下载到关系型数据库用于分析时会花费过多时间和金钱。大数据分析常和云计算联系到一起，因为实时的大型数据集分析需要像 Map Reduce 一样的框架来向数十、数百或甚至数千的电脑分配工作。

大数据需要特殊的技术，以有效地处理大量的数据。适用于大数据的技术，包括大规模并行处理（MPP）数据库、数据挖掘电网、分布式文件系统、分布式数据库、云计算平台、互联网和可扩展的存储系统。

二、大数据的趋势

伴随着大数据技术与数据分析的发展趋势，拥有丰富数据的分析驱动型企业应运而生。下面我们来具体看下大数据技术与数据分析有哪些趋势和创新。

1. 数据驱动创新

如今，数据已成为企业竞争优势的基石。利用数据和复杂数据分析的企业将目光投向了"创新"，从而打造出高效的业务流程，助力自身战略决策，并在多个前沿领域超越其竞争对手。

2. 数据分析需先进技术

如果没有合理分析，大部分数据毫无用处。而大数据和数据分析又会带来哪些机遇呢？富媒体（视频、音频和图像）数据分析需要先进的分析工具，这为企业提供了重大的市场机遇。以针对电商数据进行图像搜索为例，对图像搜索结果的分析要准确，且无须人工介入，这就需要强大的智能分析。未来，随着智能分析水平的不断提升，企业将获得更多机遇。

3. 预测分析必不可少

当前，具有预测功能的应用程序发展迅速。预测分析通过提高效率、评测应用程序本身、放大数据科学家的价值以及维持动态适应性基础架构来提升整体价值。因此，预测分析功能正在成为分析工具的必要组成部分。

4. 混合部署是未来趋势

企业评估公共云服务商提供的产品，有助于其克服大数据管理方面的困难：安全和隐私政策及法规影响部署选择；数据传输与整合要求混合云环境；为避免出现难以应付的数据量，需构建业务术语表并管理映射数据；构建云端元数据存储库。

5.认知计算打开新世界

认知计算是一种改变游戏规则的技术，利用自然语言处理和机器学习帮助实现自然人机交互，从而扩展人类知识。未来，采用认知计算技术的个性化应用可帮助消费者购买衣服、挑选酒，甚至创建新菜谱。

6.大数据创造更多价值

越来越多的企业通过直接销售其数据或提供增值内容来获利。因此，企业必须了解其潜在客户重视的内容，必须精通包装数据和增值内容产品，并尝试开发"恰当"的数据组合，将内容分析与结构化数据结合起来，帮助需要数据分析服务的客户创造价值。

三、大数据促进互联网金融发展

互联网金融依托电商平台进行大数据分析，供货商和消费者所有的登记信息和交易行为都有完整的记录，并且这个记录是真实的，可以互相印证。可明确地分析企业、客户的资信情况。有效地解决了信息不对称和个体信用问题。金融服务的供需双方信息明确、客户获得金融服务的门槛更低。金融服务便捷高效。

互联网金融经营体制灵活，技术先进。与客户互动性强，可低成本、快速地传播产品信息，并可在线实时交易。

互联网金融可通过大数据开展精准营销和销售。基于客户的外部数据及企业自身积累的非结构化数据、交易数据，对客户进行精确划分，由此可主动推荐产品。

互联网金融理财产品较传统行业金融业务，对小散户的管理成本极低。可积少成多，形成规模优势。

互联网金融提高了资金融通的效率，透明度高，参与广泛，中间成本低，信用数据更为丰富。

四、农业大数据的应用

1. 应用于农情监测

农情监测的主要目的是根据监测耕地的变化、农作物产量变化、自然灾害发生概率等情况，更好地实现由"看天而作"到"知天而作"的转变。在大数据的基础上，根据数据处理平台的分析处理，使农情监测系统更加完善，给农情监测工作带来新的机遇。

2. 应用于农产品监测预警

农产品监测预警是指通过对农产品质量、农产品市场的监测达到预防农产品的预测，从而使现代农业稳定发展。大数据时代的来临，为农产品市场监测预警工作提供了海量的数据支撑，因此会推动农产品监测预警工作更加标准化、精确化。

3. 应用于精准农业决策

精准农业决策是指根据各个方面的农业信息制定出一整套有可实施性的精准管理措施。在大数据处理分析技术出现之前，专家系统、作物模拟模型、作物生产决策支持系统是主要的生产决策技术。

4. 应用于农村综合信息服务系统的搭建

国家农村综合信息服务系统的搭建有助于农业信息的传播。农村综合信息服务是指按照"平台上移，服务下延"的思路，集成与整合各分散的信息资源与系统，在全国范围实现信息资源的共享。

五、移动大数据推动创新

移动网络的大数据格局可能比其他行业更为复杂，不仅是因为存在种类繁多的数据种类，如各种业务和支撑系统数据、设备日志、流量数据、音视频、物联网传感器数据等各种形态，而且半结构化或非结构化的数据比例远超过结构化数据，因此无论在数据的产生和存储环节，还是在清洗转换集成环节，或是在分析应用环节，很少会有单一普适的解决方案可以满足所有应用场景的需求。

因此运营商应对大数据挑战的根本方法，还是应从业务实际需求出发，剖析各相关数据源的特性及其联系，为目标应用场景找到合适的数据分析逻辑。例如爱立信在重庆等多地定制实施的精确营销系统，就在动态分析用户设备、上网行为、人口特征等多维度多形态数据的基础上，动态描绘出精细化的用户群组，帮助运营商快速精准地进行流量经营和客户服务，极大地提升了用户体验和品牌感知。

第四节　物联网

一、物联网的内涵

物联网是继计算机、互联网与移动通信网之后的又一次信息产业浪潮。物联网对促进互联网发展、带动人类的进步发挥着重要的作用，并将成为未来经济发展的新增长点。目前，国外对物联网的研发、应用主要集中在少数国家。在中国，物联网日益受到重视，物联网产业被正式列为国家重点发展的五大战略性新兴产业之一。

1.物联网简介

物联网就是带有传感或标识器的智能感知信息网络系统，涵盖了当初的物联网、传感网等概念，是在传感、识别、接入网、无线通信网、互联网、计算技术、信息处理和应用软件、智能控制等信息集成基础上的新发展。物联网是物联网传感技术、通信技术以及计算技术的一个集合。物联网包括传感设备层、网络层以及应用层。传感层的主要任务是信息的采集；网络层的主要功能是实现网络的连接管理以及数据管理，目的是将信息送到应用层；最后应用层运用现代的信息技术来对信息进行处理，最终实现识别、控制、监测等功能。物联网技术目前所面临的最大的问题莫过于统一性的问题。物联网中用于信息采集的传感网就是非标准化的网络，它是一个多网络、多设备、多应用并且相互融合的大的网络，包括计算机、传感器和通信网络，这要求针对通信网络的规划都要发生变化。所以，制定统一的接口、标准以及通信协议是必经之路。

2.物联网的意义

（1）物联网是 21 世纪的国家综合国力增长点　无论是从未来发展战略还是从国民经济增长角度看，物联网是国家综合国力的又一新的增长点，在社会发展中占有举足轻重的地位。

（2）物联网大力促进了国家间经济合作　随着经济的发展，跨国大公司和国家间经济协作日渐增多，在这一过程中，物联网发挥了重要作用。企业运用先进的物联网技术来综合管理遍布全球的各种经营业务。物联网缩短了空间的距离，也将国家与国家、民族与民族更紧密地联系了起来。

（3）物联网促进了社会结构的变革　物联网的发展，不但促进了一些新的行业的诞生，"白领"和"蓝领"差别日渐消失，劳动就业结构向知识化、高技术化发展，而且改变了家庭职能和城市化结构。随着信息技术的发展，城市分散化趋向已有显示。这样的分散化可以促使合理利用物质资源，而且大量利用信息产品可以节约物质资源，最明显的是缓解了社会交通矛盾。

（4）物联网促进了人类自身的发展　纵观人类历史，没有哪个时代人与人之间的联系如今天这样密切，不论距离多么遥远，通过物联网，人们总是可以自由地相互交流。物联网使现在的人更具有全球意识，具有更开阔的眼界。现在人们更多的是把自己放在世界范围内来思考问题。这样使人更具有了社会性，增加了参与社会、国家管理的机会，使人们能够加强对政府机构工作的监督。

（5）物联网带来了经济效益　作为国民经济组成部分的物联网，它提供的社会经济效益由两部分组成：物联网自身的经济效益，称为直接经济效益；由物联网为国民经济提供的经济效益，称为间接经济效益。在现代社会的各种经济活动中，使用物联网手段可以使用户获得缩短空间距离、减少时间消耗和降低费用支出，加速社会生产过程，提高社会生产力的效益。

二、物联网应用

物联网用途广泛，遍及智能交通、环境保护、政府工作、公共安全、平安家居、智能消防、工业监测、农业管理、老人护理、个人健康等多个领域。在国家大力推动工业化与信息化融合的大背景下，物联网将是工业乃至更多行业信息化过程中一个比较现实的突破口。一旦物联网大规模普及，无数的物品需要加装更加小巧智能的传感器，用于动物、植物、机器等的传感器与电子标签及配套的接口装置数量将大大超过目前的手机数量。举一个物联网应用与物流的例子——供应链中物品自动化的跟踪和追溯。物联网可以在全球范围内对每个物品实施跟踪监控，从根本上提高对物品产生、配送、仓储、销售等环节的监控水平，成为继条码技术之后，再次变革商品零售、物流配送及物品跟踪管理模式的一项新技术。它从根本上改变了供应链流程和管理手段，对于实现高效的物流管理和商业运作具有重要的意义；对物品相关历史信息的分析有助于库存管理、销售计划以及生产控制的有效决策；分布于世界各地的销售商可以实时获取其商品的销售和使用情况，生产商则可及时调整其生产量和供应量。因此，所有商品的生产、仓储、采购、运输、销售以及消费的全过程将发生根本性的变化，全球供应链的性能将获得极大的提高。图2-5展示了未来物联网的应用场景。

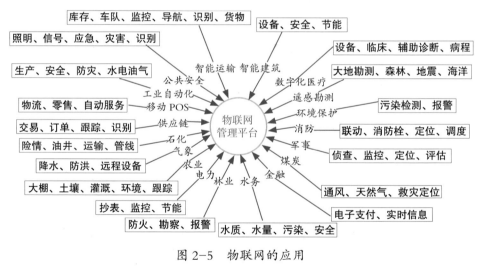

图 2-5　物联网的应用

1.交通领域

通过使用不同的传感器和射频识别可以对交通工具进行感知和定位，及时了解车辆的运行状态和路线；方便地实现车辆通行费的支付；显著提高交通管理效率，减少道路拥堵。上海移动的车务通在 2010 年上海世界博览会期间全面运用于上海公共交通系统，以最先进的技术保障世界博览会园区周边大流量交通的顺畅。上海浦东国际机场防入侵系统铺设了3万多个传感节点，覆盖了地面、栅栏和低空探测，多种传感手段组成一个协同系统后，可以防止人员的翻越、偷渡、恐怖袭击等攻击性入侵。

2．医疗领域

通过在患者身上放置不同的传感器，对患者的健康参数进行监控，及时获知患者的生理特征，提前进行疾病的诊断和预防，并且实时传送到相关的医疗保健中心，如果有异常，保健中心通过手机，提醒患者去医院检查身体；通过射频识别标志与患者绑定，及时了解患者的病历以及各种检查结果。

3．农业应用

通过使用不同的传感器对农业情况进行探测，帮助进行精确管理。在牲畜溯源方面，给每一只放养牲畜都贴上一个二维码，这个二维码会一直保持到超市出售的肉品上，消费者可通过手机阅读二维码，知道牲畜的成长历史，确保食品安全。

4.零售行业

很多大型零售企业要求采购的所有商品上都贴上射频识别标签，以替代传统的条形码，促进了物流的信息化。

5.电力管理

江西省电网对分布在全省范围内的2万台配电变压器安装传感装置，对运行状态进行实时监测，实现用电检查、电能质量监测、负荷管理、线损管理、需求管理等高效一体化管理。

6.数字家庭

数字家庭是以计算机技术和网络技术为基础，包括各类消费电子产品、通信产品、信息家电及智能家居等，通过不同的互联方式进行通信及数据交换，实现家庭网络中各类电子产品之间的"互联互通"的一种服务。数字家庭提供信息、通信、娱乐和生活等功能。

第五节 5G 通信、人工智能、区块链在农业中的应用

一、5G 通信在农业中的应用

5G 通信加入互联网可以对农作物的种植生长进行更为精确的指导，大数据的分析可以帮助农作物提高产量，提高农村的经济收入，未来农业的发展也会朝着智慧型的方向发展。5G 通信对于这些方面能够进行更加精确的智能控制，施肥、收割等工作的自动化，能够提高效率和精确率。现在已经有了智能化的机器，如无人收割机、自动洒水机等，都能够大大帮助到农业，5G 通信的到来也会大大提高工作效率，带来不一样的收获，也将走入生活的方方面面。

从最原始的大棚发展到如今的温室大棚，其中就有互联网的功劳。从一开始进入智能化，到可以熟练利用传感器，大棚的管理者可以通过这个渠道收集到土壤的湿度和营养成分等，然后再通过无线网络把这些数据传输到数据中心进行分析改善。管理员只需要在电脑面前就可以得到农作物的各种数据，然后利用数据对其问题进行改善。5G 通信的到来又预示着效率的进一步提高，5G 通信将各种高科技设备和农业相结合，将减少管理者的工作量，管理者在家就可以轻松种地，使得农业种植更加智能化。

为了解决农场人工监管等问题，农场将覆盖满传感器，收集数据反馈给机器，管理者只需要在电脑面前收集数据进行整合改善。以精确的方式对农作物和动物进行实时监管及适当的保护，整个采

集信息时间从之前的几天缩短到几小时。利用 5G 通信网络设备把机器安装在农场的羊、牛等动物腿上，监管它们的一举一动，了解它们信息状态，管理者只需要手机或者电脑安装 APP 就可以远程监控。5G 通信的到来不仅使监管便利，可以及时了解动物的各种信息，还能根据农场的实际情况做最佳的饲养模型。

水产养殖中的各种环境指标直接关系着鱼虾的生存概率，5G 通信的到来将应用各种互联网设备放入水中，能够探测到水下环境和鱼虾养殖情况，提高产量，保持良好的水产养殖环境，大大减少了养殖人员的工作量。

医生可以利用 5G 通信网络操作偏远地区的手术，5G 网络能够减少时间的消耗，提高速率和效率，减少了很多的麻烦，使手术能够成功地进行。在教育方面，5G 通信可以实现万人同步在线学习，相比于 4G 通信，5G 通信的速度更快更流畅，网络时延更低，师生互动更多，学生能够利用 5G 通信在网上学习，大大减少了书本学习的枯燥无味。能够帮助乡村的孩子实现优质课堂的愿望，解决了教育分配问题上的不均衡问题。在旅游方面，当前乡村旅游业发展快速，游客能够借助 5G 通信来了解旅游地的地方特色和游玩方式，提前做好行程规划。乡村还可以通过 5G 通信来推销自己的特色，把自己的特色推到顾客的面前，让他们眼前一亮，提高购买欲望，从而提高经济收入等。还可以宣传当地景点，提高知名度。

总体来说，5G 通信会实现人们理想中的生活，降低人力成本，提高种植农业效率，将获得更高的产量和更大的经济效益。农产品可以利用手机更好地传播质量信息，有机产品、绿色食品不再是不可求的了,随时的信息跟踪就能够让消费者放心大胆地购买产品了。5G 通信能够稳定农业经济、提高农业效益，大数据能够显示目前的市场现状，能够预测未来农业市场将要发生的农业供需关系，农业种植人员可以根据这些数据进行整改完善。5G 通信的到来，使农业种植的产品可在手机上进行媒体推销，提高收益和知名度，能够让自己的产品走出去。5G 通信的到来可以很好地解决农业种植以往所遇到的问题和不足，让农民能够更快、更有效率地解决问题。利用 5G 通信技术不仅能够降低成本，也能提高农民的收益。

二、人工智能在农业中的应用

随着物联网和智能控制技术的应用，出现了智能喷洒机器人、采摘机器人、智能探测土壤、探测病虫害、气候灾难预警等智能识别系统和产品，以及在养殖业中使用的禽畜智能穿戴产品。经过数十年的发展，人工智能技术已应用于植物保护、土壤肥水管理、设施园艺管理、作物栽培管理、畜禽养殖、水产养殖以及农产品销售决策等领域。进入 21 世纪，伴随着人工智能技术的蓬勃发展，人工智能在农业中的应用也进入规模发展期。在国家乡村振兴战略、国家数字化农业战略等多种因素的推动下，阿里、京东、百度、腾讯等国内互联网巨头纷纷结合自身优势，布局智慧农业。

传统农业生产活动中的浇水灌溉、施肥、打药，农民依靠人工估摸，全凭经验和感觉来完成。而应用物联网，诸如瓜果蔬菜的浇水时间，施肥、打药，怎样保持精确的浓度，如何实行按需供给等一系列作物在不同生长周期曾被"模糊"处理的问题，都有信息化智能监控系统实时定量"精确"把关，农民只需按个开关，做个选择，或是完全听"指令"，就能种好菜、养好花。从传统农业到现代农业转变的过程中，农业信息化的发展大致经历了计算机农业、数字农业、精准农业和智慧农业 4 个过程。

人工智能农业产品通过实时采集温室内温度、土壤温度、CO_2浓度、湿度信息以及光照、叶面湿度、露点温度等环境参数，自动开启或者关闭指定设备。可以根据用户需求，随时进行处理，为设施农业综合生态信息自动监测、对环境进行自动控制和智能化管理提供科学依据。通过模块采集温度传感器等信号，经由无线信号收发模块传输数据，实现对大棚温、湿度的远程控制。智能农业还包括智能粮库系统，该系统通过将粮库内温、湿度变化的感知与计算机或手机的连接进行实时观察，记录现场情况，以保证粮库的温、湿度平衡。

我国发展现代农业，面临着资源紧缺与资源消耗过大的双重挑战。以信息传感设备、传感网、互联网和智能信息处理为核心的物联网将为农业生产过程中量化分析、智能决策、变量投入、定位操作的现代农业生产管理技术体系开辟新的思路和有益手段，将在农业领域得到广泛应用，并将进一步促进信息技术与农业现代化的融合。基于物联网的智能农业可用于大中型农业种植基地、设施园艺、畜禽水产养殖和农产品物流，布设的6种类型的无线传感节点，包括空气温度、空气湿度、土壤温度、土壤湿度、光照度、二氧化碳浓度等，并通过低功耗自组织网络的无线通信技术实现传感器数据的无线传输。所有数据汇集到中心节点，通过无线网关与互联网或移动网络相连，实现农业信息的多尺度(个域、视域、区域、地域)传输;用户通过手机或计算机可以实时掌握农作物现场的环境信息，系统根据环境参数诊断农作物生长状况和病虫害状况。同时，在环境参数超标的情况下，系统可远程对灌溉等农业装备进行控制，实现农业生产的产前、产中、产后的过程监控,进而实现农业生产集约、高产、优质、高效、生态、安全等可持续发展的目标。

三、区块链在农业中的应用

区块链是分布式数据存储、点对点传输、共识机制、加密算法等计算机技术的新型应用模式。

国家互联网信息办公室 2019 年 1 月 10 日发布的《区块链信息服务管理规定》，自 2019 年 2 月 15 日起施行。作为核心技术自主创新的重要突破口，区块链的安全风险问题被视为制约行业健康发展的一大短板，频频发生的安全事件为业界敲响警钟。拥抱区块链，需要加快探索建立适应区块链技术机制的安全保障体系。

当前，全球新一轮科技革命和产业变革持续深入，产业格局加速重塑，科技创新已成为引领全球经济发展的第一动力。在这一轮变革中，信息技术是全球研发投入最集中、创新最活跃、应用最广泛、辐射带动作用最大的领域，是技术创新的竞争高地，是引领新一轮变革的主导力量。区块链作为分布式数据存储、点对点传输、共识机制、加密算法等技术的集成应用和生产关系变革的底层引擎，近年来已成为全球政治、经济、商业、科技讨论和研究的焦点。区块链应用已经延伸到物联网、智能制造、供应链管理、数字资产交易等多个领域，将为云计算、大数据、移动互联网等新一代信息技术的深度发展带来新的历史机遇，有力引发新一轮的技术创新和产业变革。

2018 年以来，区块链技术应用在中国发展方兴未艾，在农产品追溯、供应链金融、区块链可信电商、"区块链+"技术应用与延伸等领域，得到了很好的应用，显示了区块链技术的强大与应用推广的优越性，得到政府部门、金融机构、产业领域专家的认可。区块链与农业结合是区块链与物联网结合的一个分支，主要还是利用区块链的可追溯性和不可篡改性以保证"从农场到餐桌"的数据链条。倾向使用公有链公开，各方都可以查询。农业区块链中存储的数据可包括农业生产的物联网设施数据、物流运输数据，以及消费数据等。通过农业区块链可以实现农产品溯源和消费数据分析等。而要保证数据源头的真实性，目前的方案是靠一些协议嵌入到区块链中。

那么，现今农业的发展仍然受到因地域限制而导致的运输与维护成本高、产品质量保证与回溯机制下的信息真实性与有效性、农民生产资金筹集困难背后的农业信用抵押机制匮乏等诸多问题的制约。而区块链的到来，则为上述诸多问题的解决与发展提供了方法与思路。目前，制约农业物联网大面积推广的主要因素是应用与维护成本高、物联网中心化管理。物联网与区块链的结合将使物联网设备实现自我管理与维护，省却了以云端控制为中心的高昂的维护费用，降低了物联网设备的后期维护成本，有助于提升农业物联网的智能化与规模化水平。随着时代的发展，个人、机构、团体需要处理、运作的数据体量越来越大，处理难度、处理成本日趋上升。

区块链技术作为近年来最火的分布式存储技术，能够很好地解决互信、信息安全等问题。再加上智能合约的引入，让区块链的应用场景不再局限于虚拟货币，可以应用在更加复杂的业务场景当中。

农产品的供应链是一个很复杂的过程，涉及多方，食品安全是一个大问题，历年来都是国家关心的重点。区块链技术，将其应用在食品上，会更加实用，已经被很多行业所采用。因为该技术的特点，能够保证食品的溯源，还可以让消费者随时了解食品的安全性。提升食品供应链的透明度，帮助改进食品召回验证等过程，提升消费者对"绿色、安全、营养"无公害食品的信心，对我国农业绿色食品的推广，将起到积极的推动作用。

云计算和物联网应用于田间种植

1. 物联网技术在汉中农产品品牌建设中的作用

首先，采用无线射频识别技术、无线通信以及传感器网络等技术实现了农产品全产业链的安全监控。如汉中茶叶利用传感器等技术完成了茶叶全产业链的监测和管理，通过利用物联网技术实时采集和存储茶业相关数据，摸索出了茶树生长所需要的适宜的温、湿度，光照以及土壤酸碱性指标，智能化地提高了茶园管理精细化水平；通过物联网技术的智能分析与实时控制功能，及时地满足了茶树生长环境对各项生长指标的要求，达到了稳产、增产的目的。其次，利用数字温度传感器可以测出病虫害数据信息，进而采用射频热处理法消灭病虫害，采用热处理灭虫法不仅使茶叶的农药残留量大大减少，而且保证了农产品的质量安全。

2. 物联网技术在汉中农产品物流安全体系建设中的作用

农产品运输途中的储存与保质是现代农产品物流中的重要问题，汉中农产品物流的升级重点在于运输途中的储存，以汉中的猪肉、鲜鱼等冷链产品为例，由于肉制品的自然保鲜周期较短，所以就需要应用现代化冷链物流配送技术，对汉中猪肉和鲜鱼进行非常规范化的保护。而物联网技术的应用也为汉中农产品物流的升级和完善提供了便利的渠道，一方面通过现代化冷链物流的配送技术对汉中猪肉和鲜鱼等产品进行温、湿度的控制，保证运输途中的产品质量安全；另一方面运用物联网技术对每一个产品进行射频识别标志，从而更好地对农产品从出库到入库途中的所有信息进行监控，并且和冷链物流技术进行无缝衔接，严格把控运输途中可能出现的所有质量安全问题。具体环节如下：在运输途中，运用射频识别技术、条形码技术、计算机网络和智能化存储设备对运输物品进行信息收录和追踪监控，实现信息的可视化数字管理。而现代化的冷连物流技术则针对运输途中的运输车辆进行GPS追踪控制，了解运输车辆的行驶路线和行驶状态，适时检测车辆所装物品所处的温度与状态，保证农产品在运输过程中的质量安全，从可视化的信息角度明确直观地对农产品进行控制。基于物联网的农产品物流服务不仅仅对汉中绿色农产品的运输有很大帮助，而且对农产品产业链升级和打造绿色物联网农产品产业链也非常重要，通过物联网相关技术与农产品冷链物流技术的完美对接，不但重新整合了农产品从生产—加工—运输—销售等环节的数据信息，而且加强了汉中绿色农产品在消费者心中的安全感知度和认知度，为其他产品产业链的升级打造了良好的运行氛围，提高了汉中绿色农产品的核心竞争力。

3. 物联网技术在汉中农产品品牌的高质量溯源与保护中的作用

物联网技术不仅为汉中农产品产业链的升级提供了不可或缺的动力，也为其农产品品牌凝聚力的提升提供了广阔的应用前景，通过无线射频技术、无线传感器、计算机网络技术等对农产品的可追溯化体系进行整合和完善，将农产品的前世今生统一纳入汉中农产品品牌建立的信息数据库中，从而对每一个环节的每一个细节进行有效追踪和记录。通俗地讲，就是对农产品的信息进行跟踪记录，直到食用完成。通过物联网技术对农产品的生产—加工—运输—销售的各个环节相关信息在互联网终端设立独有的信息数据库，以便消费者或监管机构进行查询，从而完善整个产业链的质量安全追溯体系。

本章小结

通过本章内容的学习，应掌握移动互联网的概念、移动互联网的特点和移动互联网技术。接着要掌握云计算的服务与技术，云计算是一种新兴的商业计算模型，它将计算任务分布在大量计算机构成的资源池内，使各种应用系统能够根据需要获取计算力、存储空间和各种软件服务。云计算系统运用了许多技术，其中以编程模型、数据管理技术、数据存储技术、虚拟化技术、云计算平台管理技术最为关键。然后要掌握大数据的内涵和大数据的趋势，掌握大数据促进互联网金融发展的技术，熟悉移动大数据前景。还有物联网，包括物联网的内涵和应用、物联网产业链构成、物联网发展模式。最后是人工智能技术和区块链技术等新兴技术，它们必将深入到种养业活动当中，不仅会流行起来，而且将在各种挑战下不断地发展。

第三章
田间种植业电子商务

2019 年以来，部分农产品价格波动幅度较大，但市场供给总体充足、价格涨幅有限，品种间走势分化明显，呈现"一稳、一涨、一波动"的特征。以大数据为代表的数字经济正成为推动我国经济转型升级的重要驱动力。农业农村是数据资源最为丰富的行业和领域，具备发展数字经济的巨大空间和潜力。因此，应利用"互联网＋田间种植"加快打造数字农业，帮助政府农业部门打造集监测、监管、服务、决策为一体的区域级农业资源大数据库。立足区域农业生产，为当地农户、企业与示范区提供实用型农业技术及产销对接服务，并在服务过程中构建区域农业资源库，促进农业生产资源与生产需求的科学匹配，为区域农业发展决策提供精准的数据支撑。

```
                            ┌─────────────────────────────────┐
                            │      我国田间种植现状与问题       │
                            └─────────────────────────────────┘

┌─────────┐                 ┌─────────────────────────────────┐
│ 田      │                 │   田间种植智能供应链体系构建    │
│ 间      │                 └─────────────────────────────────┘
│ 种      │
│ 植      │                 ┌─────────────────────────────────┐
│ 业      │                 │   田间种植电子交易市场的可行性  │
│ 电      │                 └─────────────────────────────────┘
│ 子      │
│ 商      │                 ┌─────────────────────────────────┐
│ 务      │                 │   田间种植电子交易市场的构建    │
└─────────┘                 └─────────────────────────────────┘
```

第一节　我国田间种植现状与问题

一、我国田间种植现状

1.农业增加值平稳增长

2002~2019 年，我国第一产业增加值年均增长 4.01%，比 1979~2001 年年均 4.62% 的增长速度略有下降。这种下降主要是农产品需求增长速度随恩格尔系数下降而下降导致的，是经济发展到一定阶段后的正常现象。与此前的大起大落相比，加入 WTO 以来的农业增长稳定性得到显著改善。1979~2001 年，第一产业增加值增长速度峰谷相差 14.4 个百分点；2002~2019 年，峰谷差仅为 3.7 个百分点。

2.农产品生产全面增长

2002~2019 年，全国粮食产量增加了 21 120 万吨，超过了 1979~2001 年 14 787 万吨的增长幅度；在 2002~2019 年的粮食产量增长中，玉米产量增长占 69.4%。棉花、油料、糖料等典型土地密集型农产品也都维持了长期增长走势。高度依赖粮食的畜牧养殖业，在玉米产量增长和大豆进口增加的支撑下，同样维持了长期增长走势。具有较强竞争优势的劳动、资金、技术密集型农产品，如蔬菜、水果、茶叶、水产品等，更是实现了较快增长。

据国家粮油信息中心发布的 2019 年 11 月《食用谷物市场供需状况月报》《饲用谷物市场供需状况月报》《油脂油料市场供需状况月报》，预计 2019~2020 年度我国大豆新增供给量为 10 410 万吨，其中国产大豆产量为 1 710 万吨，大豆进口量为 8 700 万吨。预计年度大豆榨油消费量为 8 850 万吨，同比增加 200 万吨，增幅 2.3%，其中包含 200 万吨国产大豆及 8 650 万吨进口大豆；预计大豆食用及工业消费量为 1 515 万吨，同比增加 15 万吨，年度大豆供需缺口为 50 万吨。

美国农业部发布的最新供需报告中显示，2019~2020 年度中国大米产量预计为 1.46 亿吨，上一年度为 1.484 9 亿吨。大米期初库存数据从 1.15 亿吨下调到 1.145 5 亿吨。大米进口量预计为 250 万吨，上一年度为 280 万吨。大米出口量预计为 330 万吨，上一年度为 277 万吨。大米期末库存预计为 1.167 5 亿吨，上一年度为 1.145 5 亿吨。

二、我国田间种植存在的问题

2019 年以来，在农业内外部多重不确定性因素冲击下，部分农产品价格波动幅度较大，但市场供给总体充足、价格涨幅有限，品种间走势分化明显，呈现"一稳一涨一波动"特征。"一稳"是指粮棉油糖等大宗农产品生产稳、库存足，市场运行基本平稳，继续发挥农产品市场"压舱石"作用；"一涨"是指猪肉市场供给偏紧、价格涨幅较大，带动畜禽产品价格总体走强；"一波动"，是指水果、蔬菜价格前高后低，受不利天气影响价格波动幅度较大，但总体仍符合季节性规律。

1. 稻谷、小麦生产稳、库存足，价格有所下跌

2019 年稻谷、小麦生产一减一增，口粮总产量保持稳定，库存处于历史高位，市场价格偏弱运行，新粮上市后，小麦、早籼稻、中晚稻最低收购价执行预案陆续启动。12 月，晚籼稻、粳稻市场收购价分别为每千克 2.40 元、2.64 元，同比下跌 6.3% 和 7.7%；郑州粮食批发市场普通麦、优质麦价格分别为每千克 2.36 元、2.48 元，

同比下跌 4.4% 和 6.5%。

2. 玉米产需有缺口、库存仍充裕，价格小幅波动

受种植结构继续调整影响，2019 年玉米面积略减，但主产区气象条件总体好于上年，玉米产量增加 1.4%。受生猪产能下降影响，猪用玉米饲料消费减少，但肉禽等替代品饲料消费增长明显，玉米饲料消费总体小幅下降。玉米深加工新开工项目增加，工业消费刚性增长。2019 年玉米产需缺口在 250 亿千克左右，但由于库存水平较高，玉米供需关系仍保持平衡偏宽松的格局，市场运行基本平稳。秋季新玉米上市后华北、东北主产区价格小幅回落。12 月，玉米产区批发价每千克 1.84 元，环比下跌 1.2%，同比下跌 2.8%。

3. 大豆进口继续减少，价格以稳为主

受中美经贸摩擦影响，大豆进口小幅下降，进口来源向巴西、阿根廷进一步集中。2019 年 1~12 月，青岛港口大豆进口到岸税后价先跌后涨，在每千克 3.1~3.3 元区间小幅波动。12 月，山东地区中等豆粕出厂价每吨 2 930 元，环比下跌 4.4%，同比下跌 2.2%。国产大豆产量继续恢复增长，市场购销两旺，价格稳中走强。

三、"互联网 +"田间种植打造数字农业

以大数据为代表的数字经济正成为推动我国经济转型升级的重要驱动力。农业农村是数据资源最为丰富的行业和领域，具备发展数字经济的巨大空间和潜力。农业大数据平台可帮助政府农业部门打造集监测、监管、服务、决策为一体的区域级农业资源大数据库。平台立足区域农业生产，为当地农户、企业与示范区提供实用型农业技术及产销对接服务，并在服务过程中构建区域农业资源库，促进农业生产资源与生产需求的科学匹配，为区域农业发展决策提供

精准数据支撑。一是通过建立包含气象监测、病虫害识别监测、用药指导、个性化农技指导、专家问答等在内的数字化服务体系，所辖区域内的农业生产者均可通过移动端快速共享数字服务；二是平台监管的农业资源贯穿整个农业产业链条，涵盖农业环境与资源、农业生产、农业市场和农业管理等领域数据。

1.数字农业服务体系

对于农业生产单位，通过在管辖区域部署智能物联网设备，所辖区域的农户、企业及示范区工作人员均可利用智能手机，通过微信小程序随时获取涵盖气象监测、病虫害识别监测、用药指导、个性化农技指导、专家问答等在内的便捷服务，有效提升所辖地区农业生产的数字化服务水平。

对于政府职能部门，通过在管辖区域部署智能物联网设备，可实时监测管辖区域气象、病虫害实时发生、服务使用分布等情况，实现异常气象预警、病虫害爆发趋势预测等；同时通过对农业生产服务数据进行统计分析，可为政府职能部门的生产服务决策提供数据支撑。

2.全程追溯监管体系

对于农业生产单位，所辖区域的农户、企业及示范区，可通过移动端获取农产品安全溯源服务、检验检疫监管服务，更好地打造安全优质农产品。

对于政府职能部门，通过农业大数据平台，政府职能部门可重点对区域农业龙头企业、重点农业生产企业，以及获得区域项目资金支持的农业企业进行农产品质量安全追溯监管；同时可系统监测、掌握当前动物疫情主要病因、发病及流行动态、危害过程等，利用大数据技术进行分析统计，以便能尽早发现，采取措施防控，有效控制其传播流行。

3.供销服务管理体系

对于农业生产单位，所辖区域的农户、企业及示范区，可通过移动端获取农产品价格监测服务、农产品产销对接服务、特色农产品品牌建设服务。

对于政府职能部门，通过建立供销服务信息监测系统，政府职能部门可及时准确地了解农产品市场价格行情，全面监测市场情况，掌握价格波动的一般性规律，可辅助决策者对价格走势做出合理的分析预测，做好产销策略和种植结构调整。

4.产业资源管理体系

通过建立产业资源动态监测系统，政府职能部门可随时了解管辖区域的种植生产资源、养殖生产资源、农业自然灾害、农业扶贫等农业资源，掌握管辖区域的示范区地理位置分布、示范区规模统计、示范区产品品类结构统计、示范区区域结构统计信息。以信息化促进农业资源管理的优势，带动管理的科学化、规范化和精细化。

第二节　田间种植智能供应链体系构建

一、加快推进农业智能化基础设施建设

现代农业是集食品保障、原料供给、资源开发、生态保护、经济发展、市场服务于一体的综合系统，是多层次、复合型的产业体系。发展现代农业尤其是构建智能化供应链体系，必须要有相应的基础设施做支撑，利用现代智能化、信息化技术转变农业发展方式、提高农业现代化水平。一是充分发挥政府在有关农业领域的政策、法

规和标准制定、人才培养、资金投入、统筹规划等方面的引领作用。二是通过互联互通共同推动农业信息网络的综合化和智能化建设。三是集成开发基于有线、无线传输的区域农业物联网，对农作物生命体特征、生长环境等进行实时监测、跟踪、控制。四是加大基础信息资源开发力度，将农业经营主体、农田、农作物等基础数据收集入库，建成可共享的农业基础数据库。五是打造集成智能技术的现代农业科技园区，形成具有产业区域优势、生产设施装备现代化、技术集成化、产品标准化的示范区，进一步提高农业集约化和专业化水平。

二、构建现代化农业智能信息服务平台

智能信息技术在农业领域的应用会改变传统农业生产组织方式，提高劳动生产率、土地产出率和资源利用率，带来农业按需投入、产业链前后延伸、价值链不断放大的历史变革。因此，应加快构建和完善农业现代化智能信息服务平台，建立集信息感知、数据处理、辅助决策和智能控制于一体的综合性系统。一是加快三网融合、移动互联互通以及大数据、云信息服务在农业生产和新农村建设中的广泛应用。二是构建智慧农业系统，实现生产环境智能感知、生产管理智能决策、生产智能控制和精准作业以及农产品物流智能监控。三是打造功能完善的农村信息服务平台，实现农村信息资源整合共享、农村信息系统集成创新以及农村电子商务的推广与应用等。四是利用农业物联网技术，建立精准农业管控平台，通过先进的网络通信工具，实现农田激光精平、播种监控、精准施肥、精量喷药、农机作业自动导航、精准收获与智能测产以及农机作业工况智能监测与计量管理等。

三、提高农业生产经营的智能化水平

一是实现生产过程透明化，通过管控平台查询、跟踪生产过程，以更好地保障农产品质量。二是实现生产环境可调控，及时获取气象监测、土壤墒情、温室畜舍、水质监测、病虫监测等数据，以及土壤养分分布和测土配方等。三是加快应用高新技术改造传统农产品加工业，应用信息技术改造传统的生产线和生产工艺、生产管理、质量管理等，扩大农产品的增值增效空间。四是加强质量信息网络工程建设，运用物联网等信息技术完善农产品质量管理体系和认证制度，针对不同种类的农产品，规范化其加工操作技术规程、质量标准，建立和完善安全优质的农产品特色品牌培育体系。五是从农产品加工企业的实际需求出发，做好网络信息系统规划，加强智能化服务体系建设，推动企业内部分工协作、外部建立竞争战略联盟。

四、延伸县域电子商务服务"三农"

县域经济是国家宏观经济发展的重要基石，是解决"三农"问题的关键。随着电子商务的迅猛发展，其已成为我国县域经济转型升级的新引擎。因此，应促进农业、特色产业与县域电子商务相结合，以此推动农产品供应链的智能化发展。一是挖掘地方特色农产品，打造县域特色农特产品垂直平台和集约化整合平台，完善农产品网络营销体系。二是培育县级电子商务综合服务商群体，形成涵盖物流、仓储、配送等各个环节的配套体系，构建完善的农村物流服务体系。三是通过线上线下结合，集成传统经营服务系统，形成发展农特产品电商、农资电商等的合力。四是建设基于县域电商孵化基地的一体化电子商务服务体系，吸引更多优秀人才加盟，通过各种途径鼓励和支持创业者、企业家在县域电子商务发展中充分发挥主体作用。

五、建立农产品绿色履历追溯体系

建立农产品绿色履历追溯体系，使农特产品的品质优势进一步转化为产业优势和经济优势，提高农产品生产的专业化、规模化程度，增强农产品的市场竞争力，促进农业增效、农民增收，保护和更好地发展农业特色资源。一是将种养大户、农民专业合作社、农业龙头企业、标准化生产基地纳入农产品绿色履历追溯体系，统一配发身份标码，严格执行标准化生产记录，逐步实行农产品档案电子化管理，同时引导小农户联合加入追溯信息平台。二是加快全球统一编码与追溯标准在农产品绿色履历追溯体系中的应用，为我国农产品"走出去"打下基础。同时，统筹建设全国性追溯监管平台，以提升农产品安全质量管理水平。三是按照实时采集、综合应用原则，对农产品从生产地到销售地的各个环节建立全程记录档案，记录生产者、域地环境、农业投入、田间管理、加工、包装、运输、销售等数据信息，使农产品全产业链的信息标志实现无缝衔接。

六、大力发展智能化冷链物流

农产品智能冷链物流是食品安全链条中的重要环节，也是衡量流通领域发展水平和科技含量的重要标志。一是推动物联网技术与智能冷链物流的全面融合，进一步提升农产品质量安全保障水平和物流效率。二是制定农产品智能冷链物流相关法律法规和标准，提升智能冷链物流使用的强制性，以更好地树立我国特色农产品尤其是出口农产品的品牌信誉。三是在储存、运输、批发、零售等农产品全物流链各个环节建立检测平台，为智能冷链物流的使用提供支持服务和监督管理，使之成为农产品智能冷链物流正常、有效运转的安全屏障。四是实现生鲜电子商务交易平台与智能冷链物流资源交易平台的有效对接，建立产销整合、供需平衡的大数据分析中心。

七、构建农产品供应链大数据联盟

农业大数据既是大数据产业的重要组成部分，也是现代农业发展的重要依托。在产销对接方面，大数据有利于合理配置社会资源，将农产品产销带入全面信息化时代。因此，应建立健全基于农产品全产业链的大数据联盟，扫除农产品流通不畅、市场信息不对称等障碍，调控农业生产，促进农业高效有序发展。一是建立县域产地大数据档案，通过分级种植管理，把控良种选择、种植技术、农药残留、品质监控、加工能力、物流渠道等整个农产品供应链。同时，对县域农业产业结构调整进行指导，培育、打造一批具有竞争力的优质农产品品牌。二是对生产、加工、物流、销售等多个环节进行大数据分析与挖掘，掌握区域农产品在产地与销地之间的流转规律，引导产销流向，合理配置资源，科学指导种养殖规模，提升农产品区域化供应水平，以此为农产品从生产到消费全过程提供高效优质的信息服务，并提高农业资源利用率和流通效率。三是整合不同层级大数据资源，建立农产品供应链大数据联盟，以实现对良种培育、施药施肥、种植技术、加工管理、品质控制、物流渠道等全过程管控，同时加快农产品溯源、追溯全链条建设，从根本上实现农产品的"来可查、去可追"。

第三节　田间种植电子交易市场的可行性

一、可行性分析

1.技术可行性

目前，在国家"互联网＋"的政策指导下，全国各地都在推广农业信息化，都在尝试各类电商平台的建设。电子商务系统的使用通常采用 B/S 模式，在客户端只需要一台安装了浏览器软件、能上网的电脑即可（还需要安装一些网上银行的插件或证书），在服务器端需要相应的操作系统、数据库软件及开发平台。目前主流的技术如 Java.net 等，对于开发一个具有基本功能的电子商务平台是足够的。在系统开发、调试完成之后，主要就是对系统的维护管理工作，工作量和工作难度并不大。

2.经济可行性

开发、维护一个系统必然需要成本。在开发成本方面，包括开发人员薪资、操作系统和应用软件及服务器硬件的购置，系统工作人员、管理人员的薪资等。由于本系统的功能有限，所以对开发人员的技术要求并不很高，薪资也有限。操作系统和应用软件方面，有很多免费的操作系统如 Linux 和数据库如 MySQL 都可以用来配置成该系统的运行环境。系统工作人员、管理人员的薪资也可以通过本系统的销售利润来分配。要使得该系统能流畅、稳定地运行，一台性能良好的服务器是不可缺少的，目前市面上的服务器价格并不昂贵。

3.管理可行性

管理可行性是指企业需要对一个新系统的开发、建设、使用和维护做好必要的准备，提供一个长期稳定的运行环境。重视信息系统的建设、轻视信息系统的使用和维护，是一个很普遍的现象。首先，信息系统的开发建设需要有上级主管部门和使用单位的支持，管理人员需要考虑新系统的建设是否确实必要，人员、资金、管理等方面的配备是否足够。其次，在信息系统建设完成后，为使得该系统能正常运行，同样也需要持续地投入。在当前形势下，农业信息化正蓬勃发展，各级政府都重视电子商务的建设，给予政策和资金的支持。在人员配备方面，除去系统开发人员，系统的使用和维护都提供了良好的人机对话界面，仅需简单培训即可正常操作。

二、我国农产品电子商务发展现状

我国农村人口基数大，农村地区幅员辽阔，目前农产品电商市场潜力巨大。农产品电商不仅丰富了人们的物质生活，而且对农村地区经济发展和脱贫攻坚起到了积极的推动作用。商务部资料显示，2019 年全国农产品网络零售额达 3 975 亿元，同比增长 27%。在 2020 年新冠肺炎疫情期间，农产品电商平台突破了时间、空间的限制，其服务性、数字化等优势日益凸显出来。

三、农产品电子商务带来的福利

1.提高市场竞争力

凭借发达的信息和网络，将经营分散、自销能力弱并且规模小的农民组织起来一起进入市场，大大增强了风险抵抗能力和农产品销售能力，同时降低了对传统中介的依赖。

2.提供准确的市场信息

通过电子商务平台迅速、准确、直接地了解市场动态需求，从而生产出适销、适量的农产品，这样就可以避免因产品过剩而导致超额的储藏、运输、加工及损耗等成本。同时，去除了中间商的环节，减少了农产品流通环节，提升了商品和信息的流动速度，减少了时间成本。

3.拓宽了农产品流通领域

通过电子商务平台，全国各地的交易者之间可以进行零距离的沟通和交易，拓宽了农产品贸易市场。

4.提高了交易和运输的灵活性

避免了传统的交易和运输方式，电子商务带来了更加灵活、方便、快捷的交易和运输方式。

5.打破信息闭塞的局面

电子商务网站经常会提供各类信息，这会使用户的多样化信息需求在各个方面得到满足。

四、农产品贸易特点与电子商务特点的契合

农产品的特点决定了农产品贸易的特点，农产品贸易更需要电子商务的支持。

1.农产品的地域性

农产品的地域性决定了其物流网络的全覆盖性与贸易信息交流的重要性，农产品生长的地域性形成农产品分布不均衡的特点，由此农产品贸易得以形成。农产品企业可依托电子商务，创建统一的国际化农产品贸易市场，并根据地域差异信息更好地把握商机；同时，农产品电子商务对物流领域提出了更高的要求，农产品的物流网络覆盖面要足够广，物流效率要足够高。通过电子商务可以扩展行业市场领域与范围，方便大家从更广泛的领域寻求行业相关供需信息，快速高效地实现农产品网上交易和物流配送等交易流通环节。

2.农产品的季节性

农产品的季节性决定了农产品无法及时调整生产方式和产品品类以及数量，其在经营运作上存在固定投资风险。在农产品成熟季节，农产品因堆积量大面临滞销风险，通过农产品电子商务的订单模式和团购模式可以很好解决季节性造成的农产品滞销问题。部分鲜活农产品的季节性决定了其消费的季节性特点，通过农产品电子商务平台可以提前发布农产品的销售时间，提醒消费者如期购买消费。

3.农产品鲜活性消费和易腐败性

鲜活性消费和易腐败性决定了农产品储藏、运输技术复杂且成本高，其流通必须高效才可以降低成本。农产品在运输流通过程中因极易变质、腐烂造成损失，农产品经营者应尽量缩短农产品的流通销售时间、提高流通交易效率；依托农产品电子商务平台与物联网平台可以快速发现广泛领域的农产品供需信息和高效快捷的物流供需信息，通过高效的物联网平台及时完成农产品的配送，降低农产品收获后期在流通领域的损耗。

4.农产品易受气候干扰性

农产品易受气候干扰性决定了农产品的产量及供给的不稳定性，通过电子商务平台可以实时发布农产品供给信息，及时调整农产品贸易供需，协调贸易过程，降低贸易风险。

5.农产品价格的频繁波动导致了其供需市场的不稳定性

农产品价格波动大，农产品生产运营商会根据价格、收益等因素调整农产品供给品类和生产数量，消费者也会根据价格高低调整购买品类和消费数量。农产品生产运营商供应高价格高收益的农产品，希望获得高的收益。但由于部分农产品消费的可替代性，消费者会选择低价格的替代产品消费。虽然市场具有自我调节的作用，但由于农产品生产的长周期性和农业投资成本的趋高性，可能会给农产品生产运营商造成很大损失，影响农产品生产运营商生产经营的积极性，进而影响到市场供需的不稳定性，如此造成恶性循环，不利于农产品市场稳定持续发展。利用电子商务大数据平台可以较为准确地预测农产品的供需变化和价格变化规律，辅助农业决策分析，减弱价格波动和供需不平衡的状态，进而形成一个良性循环，促进农产品市场供需的长期稳定性。

6.农产品交易缺乏规范，质量缺乏标准

中国传统农产品交易市场欠成熟导致其交易过程缺乏规范和标准，而电子商务的标准化流程和规范化文本使得农产品交易更具标准化和规范性，同时电子商务技术在农产品交易过程中的应用也促进了农产品质量标准的形成。

7.农产品交易成本占总成本比重高

传统农产品贸易中流通环节太多、过程复杂、损耗大，导致流通成本高于生产成本。电子商务可减少流通环节，提高流通效率，降低贸易成本。

8.农产品交易量大

由于大多数农产品属于日常生活必需品，具有刚性需求特点，人们每天都必须消费，所以其交易量巨大，从规模上具备电子商务的基础。电子商务也可为其贸易过程提供方便，并提升其效率和效益。

9.传统农产品售后服务无法保障

传统农产品经营主体的经常变更导致农产品质量和售后服务无法保障，传统农产品经营主体受市场供需等影响利润的因素冲击，经常会发生变更，其产品质量和售后服务无法保障，责任无法追溯。农产品生产运营商通过电子商务方式运作后，不但可以确立经营主体资格与责任，而且可以建立产品质量追溯系统，保障产品质量，提供可追溯的售后服务。

10.传统农产品贸易信息不对称，交易缺失公平

传统农产品贸易活动多以大型农产品企业较农户掌握更多贸易信息而占据市场优势，导致农产品贸易缺失公平。而利用电子商务信息交流可提升农产品贸易中的信息对称性和农产品贸易的公平性。

11.农产品供应链不健全

目前，农产品供应链还不健全，尤其是物流体系的发展滞后，冷链资源有限。农产品电子商务可以助推物联网技术应用和发展，而物联网技术可促进供应链体系的完善和冷链系统的壮大，进而提高农产品流通效率，降低流通成本。

通过以上对电子商务及农产品贸易特点的分析，可以发现电子商务与农产品贸易相辅相成。将两者相结合是发展现代农业的一个较好的途径。

五、解决我国农村电子商务问题的相应政策

1.切实提高农民素质，提高农民参与电子商务的比例

高素质的人才是我国目前发展电子商务最宝贵也是最稀缺的资源。国家要着力培育适合农业电子商务的新型复合人才，首要任务就是要提高现有农民的文化素质,尤其是有关于信息化技术的知识。

因为我国绝大部分农民对于农业技能本身是十分熟悉的，在现有农户中选拔人才可以大大发挥农民的职业优势，同时节约培育成本。政府应当在乡村中确立电商职业农民的培训制度，建立系统的信息化农业培训体系，从根本上保障农民整体素质的提升。此外，可在大专院校里开设农业电子商务相关的专业，专门设置相关教育课程。在乡镇中开办交流中心，使优秀农民可以在乡镇一级的平台上沟通交流，在其中选拔更为优秀的人才，在更广阔的平台上带领农民发展电子商务。

2.制定详细统一的产品标准，加速农产品品牌化进程

农产品电子商务的一个特征就是无法直观地看到农产品的信息，所以对农产品制定公开透明的标准是目前亟须解决的问题。对农产品进行标准化规范不仅可以从源头上保证产品质量，也可以使购买者清晰地了解农产品的信息，减少交易的信息不对称性。与此同时，随着交易的次数慢慢增加，也可以建立起相应的交易信用体系，从而有助于在全国农业层面建立起系统全面的交易信号机制。国内各部门要加强协调与合作，在参考国际农产品标准的同时，结合国内各地区的不同情况，制定一套属于我国的农产品行业标准。既要做到与时俱进，也要做到因地制宜。

3.建立完整的乡村信息化体系，降低电子商务发展成本

虽然我国近几年加大了对信息技术的投入和支持，但主要发展重心还是放在城市，农村的信息化建设水平提升有限。比如销售端很难通过某种稳定可靠的渠道了解市场上目前对农产品的需求。或者即使有满足需求的农产品，由于物流不发达的原因，也很难实现及时地运送。没有相应的配套设施，农户和企业也只是"巧妇难为无米之炊"。所以，目前急需在中国的广大乡村建立起完整的信息

化体系，并提高物流、冷链以及大数据等配套的基础设施水平，从根本上降低农户个体、涉农企业等主体发展农产品电子商务的生产成本。

4.政府给予积极的政策导向，促进农产品电子商务发展

当务之急就是各地根据自身的实际情况，找出当地的比较优势，结合电子商务的特点，制定相应的发展策略。在整个过程中积极发挥政府的指引作用，鼓励农户、涉农企业、合作社、物流等主体在过程中扮演好自己的角色，使农产品电子商务蓬勃发展。并且需要完善相关的法律法规，使各方主体在运作时有法可依，为农产品电子商务发展提供切实的法律保障，使农产品电子商务蓬勃发展。

第四节　田间种植电子交易市场的构建

一、田间种植产品交易系统的总体结构

1.农户联合与经济协作，为实现农业一体化奠定基础

贫困地区规模分散的农户生产单位和农村个体商贩很难在经济活动中确立其具有商业信誉的市场主体地位，将分散经营的农户和个体商贩组织，发展成为具有一定资本实力和经营规模的农协、合作社等经济合作组织或经济实体，以具备法人资格的经营单位对外进行经济交往，才能使农民成为真正意义上的市场竞争主体。农户之间结成"同业联盟"，通过农户间的联合与经济协作，使农产品在瞬息万变的市场上能够稳妥而合理地实现其价值，为构建完善的农副产品市场体系、农业生产资料市场体系和农村资本市场体系奠定基础。农户联盟的组织形式是多样化的，有松散的"合作社＋农

户"" "公司＋合作社＋农户"组织模式，还有紧密型的"股份制龙头企业＋基地＋入股农户"组织模式，要采取平等、自愿的原则组建农业产品规模化经营的联盟模式，鼓励和支持农民发展多种形式的合作经济组织。

2.统筹规划大数据下的农产品生产，解决农产品同质化问题

加快建设产业发展大数据平台，完善农产品供求信息网络，建立健全农村产业动态监测机制，实施农业产业发展大数据的趋势分析，以及市场信息及时更新、多向传播、实时反馈，农业部门和扶贫机构部门要结合贫困地区农村的历史传统、资源禀赋、地质特征、市场需求以及贫困户基础等制定科学合理的农村产业发展规划，充分利用大数据分析与大数据挖掘，有效调整农村产业结构、规模，优化产品种植结构。

坚持因地制宜、统筹规划的原则，按照市场需求调整产业结构，依托资源优势进行产业结构规划，进一步科学定位地区分工，力求错位发展、协同发展。选择市场空间大、资源后备优、经济效益好的农产品，大力发展专业县、专业乡、专业村，搞好"一县一品""一乡一品""一村一品"等，形成产业优势和规模优势，同时要从消费者的需求视角出发，实现柔性化生产供应，增加农业的服务价值，协调好产业做大做强与避免产业趋同的关系，引导形成新的消费热点和效益增长点。

3.实施农产品品牌战略，推动农业生产转方式、调结构

品牌化是农业供给侧结构性改革的重要推力。要推进企业、协会、媒体、政府一起做好品牌规划、培育、评价和经营；通过大数据挖掘实现市场信息的对称，从而指导生产，推动农业生产和加工方式的转型升级，要向"标准化、品牌化、电商化"的方向转变。

打造区域公共品牌，将市场容量大、附加值高的农产品列入区域公共品牌建设战略规划中，建立和完善农产品的全产业链，提升农产品区域公共品牌的影响力；完善农产品品牌化建设支持政策，制定农产品品牌认证、推广、识别、延伸、展示、评价等多个环节的规则，构建农产品品牌全程管理体系；培育农产品品牌主体，重点支持龙头企业，加强对农业经营组织联盟和"一县一品""一乡一品""一村一品"等主体培育，协同打造农业品牌；强化服务监管，建立健全农产品品牌目录和监管机制，及时发布农产品品牌红黑榜，加大品牌退出机制执行力度，通过加强监督检查，严格执行守信宣传和失信惩戒，通过电子商务平台进行信息公开披露，为打造优质农产品品牌可持续发展营造良好的环境氛围。

4.形成线上线下融合流通生态，有效解决"卖难"问题

农产品生产的地域性与消费的普遍性、生产的季节性与消费的全年性之间的对立关系，使其供需之间难以协调，尤其是生鲜农产品具有易腐易损性，农产品的季节性滞销屡见不鲜。因此，农产品电子商务要与区域实体经济生态圈充分融合，利用农产品区域和区域间线下流通实体渠道，这样才能进一步提升区域的农产品线上消费能力，有效解决农产品"卖难"问题。

以县域电商平台为中间媒介。一是通过平台实现农产品本地消费；二是县域间电商平台的信息交互，采用线上推介、线下批发流转；三是基于全国性电商平台进行营销与交易。着力推进大数据下的信息交互，尽快实现供需双方信息对称。通过县域电商平台推动农产品区域流通，以及区域间的网络推广，还可从全国农产品电商平台售卖信息中引入其他地区的优势农产品，批发至本地销售，从而真正解决农产品"买难卖难"问题。

5.面向广大小散农户，建立健全农业质量追溯体系

农产品的可追溯是保证农产品质量安全的关键环节，但对于分散小规模经营农户溯源成本高。如何在分散农户生产经营条件下实现源头控制、事前监督，从而把握住对农户生产、经营环节的质量安全控制，是一个值得探讨的问题。一是农业经营组织形式发生变化，通过小规模经营的农户加入合作社、入股农业企业，形成农业生产联盟；二是加快土地流转，促进土地适度规模化经营，推动农业产业化发展，提高产出投入比例，优化土地利用资源。

完善产业链标准体系。建立健全多品类全产业链标准体系，制定大数据的动态可追溯标准，构建基于"标志、采集、交换"三个层次条码技术的农产品供应链跟踪追溯，加强对农产品的种植(养殖)基地、加工生产、检验检测、运输、分拣、配送等各环节的管理，实现"从种养到餐桌"全程溯源管理；利用大数据和物联网技术打造"来源可溯、去向可查、责任可追"农产品食品安全体系，让使用者能够通过扫描二维码快速查询所购买到的产品信息，放心食用。

6.建立统一开放电子商务市场，完善农村物流服务体系

首先，建立健全农产品市场体系，以电子商务园区为中心，聚集线下加工、仓储、物流，打破多部门之间分割和区域封锁，加速建设统一开放的电子商务市场。加强产销衔接力度，推进"农超对接""农社对接""农校对接"的直采直供模式，减少中间流通环节，将大大降低流通成本。

其次，进一步培育农产品综合加工配送企业和第三方冷链物流企业。鼓励物流企业跨部门、跨地区聚合农村物流资源，引导物流企业通过兼并、重组、联合、合作等方式扩大规模、提高竞争力；支持农民专业合作社、农村经纪人、农产品流通企业等流通主体建设，

形成主体多元、功能协调、相互配套的农村物流队伍体系，同时发挥邮政系统、供销社系统点多面广的优势，为农村物流提供优质服务。

7.发展农村普惠金融，改善农村金融服务

伴随着农业供给侧结构性改革，农村互联网金融基础设施与服务也在不断地完善，互联网金融将成为农村经济发展的助力器。阿里金融、京东金融等互联网金融企业纷纷布局农村金融市场，对发展农村普惠金融、改善农村金融服务起着重要作用。

互联网金融相对于传统金融机构，在解决农村金融融资方面，具有成本低、方便快捷等优势，拥有更为广阔的市场和生存的土壤。互联网金融可协调农村市场的资源调配和农产品流通，为农户提供及时准确的市场供需信息服务与资金支持。但农村互联网金融的风险监管薄弱，农村征信体系建设不完善，因此，要对农村互联网金融加强规范、引导、预警监测，以及进行有针对性的监督管理。建立与完善农村互联网金融业务监管体系，实施对农村互联网金融业务监管、信息监管，成立农村互联网金融协会，加强自律监管。只有加强农村互联网金融的规范化管理，才能进一步深化农村金融体制改革，激发农村经济发展动力。

8.构建农村电子商务公共服务体系，服务百姓惠及民生

农村电子商务公共服务体系是电子商务进农村的载体，是贫困地区扶贫攻坚必不可少的环节。农村电商公共服务中心的实施建设，将有效利用电子商务商业模式发挥区域经济综合优势，提升区域经济社会的运行质量与效率。

构建县域电子商务综合公共服务体系，实施人才培训、技术指导、平台构建与农特产品品牌营销推广等服务功能。通过技术支撑及各方资源汇聚，开展人才培训，可提升电商企业与农户个体的电子商

务应用水平；通过构建区域电子商务分销平台，为区域电商人员提供网络创业支撑，集成当地电商优势产品资源，与国内知名电子商务平台合作，建设第三方电子商务交易平台，获得其推广资源支持，可提升区域公共品牌在电子商务平台的知名度，带动当地农特产品在网络热销，从而助推贫困地区从小规模分散经营到农业产业链优化的跨越式发展，并通过电子商务营销渠道助推区域生产、区域制造、区域生态旅游等优势资源的品牌建设。

9.打通"互联网＋贫困户"的教育渠道，加大电商人才培训力度

电子商务技能人才是发展现代农业的基础，是农村创业就业的骨干力量，更是建立扶贫脱贫长效机制的核心。必须实施农村电子商务技能人才培训与精准扶贫脱贫挂钩，将建档立卡贫困户作为培训的重点人群，打造"互联网＋贫困户"的直达式教育渠道，通过农村电商技能人才培训和农村专业技术协会、科普示范基地的帮扶带动，帮助部分贫困户利用电商实现创业就业。

构建农村电子商务支撑体系，成立农村电商培训中心，快速推进农村电商人才培养和储存。可采用线下集训和线上网络学习平台，并嵌入直播、微课、在线互动等新型培训方式，保证培训的效果，推进电子商务人才培训的可持续发展。一是在政府与行业协会的支持下，各地组织本地化讲师培训活动；二是构建线上电商人才教育孵化体系，把外部好的资源和文化通过网络平台及时输送到贫困地区，提升贫困户网络信息接受与自我发展的能力。电子商务日趋成为贫困地区区域经济发展新的着力点，构建与完善网络扶贫下电子商务进农村的服务、物流、金融、质量溯源、人才培训体系，将优化贫困地区区域经济空间布局，加快农村经济转型升级，促进精准扶贫可持续发展的"绿色"之路。

二、田间种植产品交易系统功能简介

鲜活农产品的连锁经营是一种新型的商业组织形式与经营制度，能够帮助鲜活农产品的生产者快速实现规模效益。现阶段我国鲜活农产品的连锁经营正处于快速发展的阶段，其具体的发展模式主要有以下三种。

第一，农户与超市对接的模式。农户与超市对接的模式是目前国外采用最多的鲜活农产品生产与销售模式。采用农户与超市对接的模式既可以是超市直接到农户那里收购鲜活农产品，也可以是农户把鲜活农产品送进超市。根据超市规模的大小，农户与超市对接的模式既可以是农户或者合作社直接与大型连锁超市对接，利用大型连锁超市的生鲜区销售鲜活农产品，也可以是农户直接与生鲜超市相对接。生鲜超市指的是利用现代超市的经营理念专门从事鲜活农产品经营的专卖店或者连锁店，在很多城市，生鲜超市已经成为鲜活农产品销售的重要终端。

第二，连锁社区蔬菜店模式。连锁社区蔬菜店指的是那些在居民社区内专营生鲜农产品的连锁零售店，它主要以社区蔬菜店的形式存在。连锁社区蔬菜店能够给人们的日常生活带来很大方便，而且价格比较便宜，蔬菜的新鲜程度也比较高，因此广受社区居民的欢迎。连锁社区蔬菜店可以由农业龙头企业作为主导，也可以采取加盟的形式来发展。连锁社区蔬菜店与连锁超市相比，对于蔬菜的标准化要求相对较低，但是对蔬菜的需求量比较大，对蔬菜品种的需求也比较全。很多城市都开始对连锁社区蔬菜店进行布局，随着社区的不断发展与完善，连锁社区蔬菜店将会成为鲜活农产品的主要销售渠道之一。

第三，连锁品牌直销店模式。随着我国居民收入水平的提高，人们对于健康饮食的要求也越来越强烈，特别是中高收入人群，对于优质的鲜活农产品有着巨大的需求，在这种情况下，很多品牌直销店开始迅速发展起来。连锁品牌直销店模式指的是在大型的农民专业协会推动下，与以销售鲜活农产品为主要形式的大型农贸市场或者大型商场合作，通过收取手续费等形式在大型超市、农贸市场或者零售店中经营，也可以是专业的农民合作社在鲜活农产品的产地或者销售地直接建立的鲜活农产品直销店。比如，江苏宿迁的"一村一品一店"，加速了当地农产品销售模式的转型。连锁品牌直销店按照产销地进行划分，可以分为直销店和销售地直销店；按照直销店的存在形式划分，可以分为直销品牌店和零售店中店。

黑龙江垦区农产品物联网构想

一、为"绿色农产品"建立标准化体系

黑龙江垦区对大规模开发绿色农产品和有机农产品极为有利，垦区的农产品从播种到销售管理按照先进的物联网技术标准执行，建立了完善的物流管理信息系统。努力将黑龙江垦区打造成全国最大的农产品物联网规划和发展基地，对农产品从生产的源头到尽头进行全方位监管和控制，最终实现农产品质量安全的可追溯与标准化流程操作的目标。为实现以上目标，黑龙江垦区采用了基于物联网的物流管理系统，见表3-1。

表 3-1　基于物联网技术的物流管理系统

信息采集方式	普通采用条码扫描和自动识别技术
数据交换方式	采用基于互联网电子数据交换技术（Web EDI）进行企业内外信息传输
仓储管理和运输配送管理	应用仓库管理系统（WMS）和运输配送管理系统（TMS）来提高运输与仓储效率
支持电子商务	通过电子物流服务商进行仓储运输与运输交易等手段，借助电子商务来降低物流成本
财务	采用 SAP、Oracle 等电子商务先进技术
客户关系管理	采用 CRM 管理客户关系
信息服务内容	提供预先发货通知、送达签收反馈、订单跟踪查询、库存状态查询。货物在途跟踪，运行绩效（KPI）监测、检测，管理报告第三方物流信息服务
供应链战略联盟	为客户定制订单管理系统，全面支持客户销售流程，提供销售、财务、物流一体化信息管理平台服务

二、建立智能农产品体系

以智能化农产品机械为基础，通过运用现代化的计算机、互联网和智能通信及控制等技术，建立基于物联网的智能化农产品产业链和技术平台，实现对农产品生产—加工—流通—销售全方位一体化的监管与生产作业管理。另外，运用先进的无线射频技术和现代化的计算机系统对产品终端的信息进行分类汇总和查询帮助，从而完善黑龙江垦区智能化的农产品产业链体系，逐步实现传统农产品产业链向智能农产品产业链的转化。

三、建立绿色农产品质量追溯体系

北大荒绿色健康农产品是黑龙江垦区推进农产品产业结构化升级和农产品品牌发展的重要标志，区域影响力极大。该产品在建设农产品质量追溯体系方面具有行业领导性，其利用物联网技术，对基于物联网的农产品应用先进的射频识别技术和智能化操作系统，从而对产品中可能出现的安全质量问题进行监管和追溯调查等。

四、建立北大荒绿色农产品封闭供应链管理系统

在农产品供应链的生产、运输和销售等环节中，生产方面主要包括对生产地和品名的信息记录，此为整个供应链管理系统中的原始数据；在加工和运输方面，对产品的出入库信息以及车号等相关信息进行跟踪和监测；在销售方面，大力加强对农产品标签信息的管理与把控，进而对该环节和以上环节中出现的问题进行有效的沟通和解决，进而形成一个巨型产业链条。

以大数据为代表的数字经济正成为推动我国经济转型升级的重要驱动力。农业农村是数据资源最为丰富的行业和领域，具备发展数字经济的巨大空间和潜力。农产品贸易特点与电子商务特点的高度契合，电子商务进农村对农村地区经济发展和脱贫攻坚起到了积极的推动作用。

第四章

园艺种植业电子商务

　　园艺产业是农业的一个重要组成部分，20世纪90年代后半期已经独立发展成为一个种植业部门。但是我国的园艺产品一直存在着销售渠道单一、流通渠道不畅通、交易难等问题，严重制约了我国园艺产品的发展，成为园艺产业增收、农村经济致富的一大障碍。随着科技的发展，互联网技术的日益提升，大数据、云计算在生产生活中的充分利用，可以说"互联网＋农业"正在整合农业资源，重新布局农业产业链。"互联网＋各个行业"实际上并不等于简单的一加一，而是充分利用互联网信息共享技术平台，为我国传统的工业、农业等各行业提供新的发展模式，以实现社会创新能力以及生产力的整体提升。因此园艺产品电子商务的研究和应用非常必要。

园艺种植业电子商务

├─ 园艺种植业电子商务概述

├─ 我国园艺种植产品电子商务的发展基础

├─ 国内外园艺种植产品电子商务运营模式案例分析

├─ 园艺种植产品电子商务优化模式

└─ 园艺种植产品电子商务模式优化的重点任务

第一节 园艺种植业电子商务概述

一、园艺种植产品电子商务的概念

园艺种植产品电子商务，是以园艺种植产品作为交易对象，通过互联网交易平台，运用科学化与信息化的方式，匹配市场化运作，使园艺产业发展的各个链条实现电子化运营，有效促进园艺产业的迅速发展。园艺种植产品的电子商务是发挥电子商务在我国园艺产业中的作用，是以园艺种植产品的交易为中心的电子商务交易活动。园艺种植产品电子商务化是对我国传统经营模式的一种改变，打破了园艺种植产品的地域、空间限制，扩宽了我国园艺种植产品的销售渠道，在一定程度上提高了我国园艺种植产品的竞争力。

二、园艺种植产品电子商务的内容

园艺种植产品电子商务的构成要素可以总结分为四个核心，一个支点。四个核心就是指主体、客体、对象、互联网，一个支点就是政府的支持。

1.主体

园艺种植产品电子商务的主体主要是指园艺种植产品的供应者和电商平台。园艺种植产品的供应者主要是指为消费者提供园艺种植产品并赢得利润的实体。供应者一般是企业、农户、园艺产业的从业者，其在园艺种植产品电子商务中发挥着重要的作用，所有的供应者所提供的园艺种植产品必须符合国家食品安全的相关规定，必须符合电商平台的采购标准，所有在电商平台提供产品的商家，都必须具有良好的诚信。

在园艺种植产品电子商务的发展中，电商平台在整个交易的过程中起着重要的作用，它是卖家与买家连接的中介，是整个交易过程的重要组成部分。平台的功能是整理产品信息，整合产品资源，为买家提供产地资源信息等，通过发布园艺种植产品的相关信息，完成交易。因此电子商务平台的整体设计、经营模式都关乎着整个平台的交易量。

电商平台企业在园艺种植产品电商模式中发挥着重要作用。企业是我国市场经济的主体，不违法、不恶性竞争、不扰乱市场秩序，为消费者提供良好的服务是企业的职责所在。无论是在园艺种植产品电商市场的起步阶段，还是后期的逐步发展壮大阶段，只有电商平台企业才能真正了解园艺种植产品在市场中的位置，电商平台才能准确地把握园艺产业的发展方向，才能做大、做强园艺种植产品，才能让园艺种植产品电子商务模式更好地发展下去。平台企业的交易模式、物流配送模式、销售模式在整个园艺的交易过程中都起着重要的作用，其良好的运营有助于吸引更多的园艺种植产品进行电商模式销售。

2. 客体

园艺种植产品电子商务的客体是指鲜活的园艺产品、园艺种植产品加工品、生产基地或者与此相关的其他活动。鲜活的园艺产品是指蔬菜、水果、药用植物、观赏类植物等各种未经加工的产品，而园艺种植产品加工品是指以蔬菜、水果、药用类植物等为原料，采用不同的方法进行加工制成的各种产品。园艺种植产品电子商务发展的过程中，鲜活的园艺产品是最基本的要素，而新鲜的园艺产品的生产基地又是保障园艺产品安全生产的关键屏障。同时，相对于消费者而言，消费者也更重视园艺种植产品的质量问题，更加关注园艺种植产品的生产地、生长条件、质量检测等问题，所以，生产基地是我国园艺产业发展壮大的根本保障。

3. 对象

园艺种植产品作为基本的生产、生活资料，被消费者广泛需要，消费者每天需要购买一定数量的瓜果蔬菜，以满足生活的需要，所以园艺种植产品电子商务的对象主要是指消费者，是指为了生活需要，不直接从事生产，而是通过购买或者使用某些商品或者服务的个人。消费者的购买欲望、支付能力是园艺种植产品电子商务发展的必备条件。

4. 互联网

电子商务就是交易当事人利用计算机结合网络信息技术所进行的各种商务活动，因此互联网在园艺种植产品电子商务中发挥着至关重要的作用，它主要包括网络平台交易、网上银行付款、物流配货上门等。网络平台交易是指消费者在电商平台选择自己所需要的园艺种植产品，比如新鲜蔬菜、水果，在整个电子商务的环境中，网络平台交易是必经环节。网上银行在整个平台交易中起着不可替代的作用。传统的园艺种植产品市场不需要网上银行的参与，所有的交易都是面对面地利用现金完成交易。而在"互联网＋农业"崛起的时代，所有的交易必须有网上银行的参与。可以说，在整个园艺种植产品的电子商务交易过程中，支付系统平台无可替代，其作用也是非常关键的。

物流配货上门：由于花卉、蔬菜、水果质地本身具有脆弱、易腐的特殊性，其对温度、湿度、酸碱度具有极高的要求，所以传统的物流运输手段无法满足其需求。园艺种植产品质地的特殊性，要求在运输过程中要实现专门低温冷链系统。低温冷链系统是园艺种植产品电子商务发展的保障，整个园艺种植产品从生产环节到配送环节，最后到消费者的手中，都缺少不了低温冷链系统。低温冷链物流企业给园艺种植产品电子商务的发展提供了便利。我国幅员辽阔，低温冷链技术的发展解决了距离远的地区对于生鲜蔬菜的需求问题。现阶段，我国低温冷链物流技术发展还不健全，低温冷链物流技术至今也没有建立专门针对蔬菜、水果等园艺种植产品的物流专线。但是，在园艺种植产品电子商务的发展过程中，要保障其正常运营，低温冷链物流必不可少。

5. 支点

电子商务的繁荣发展，离不开政府这个支撑点。园艺种植产品电子商务的发展更是要依靠政府的正确引导，政府在园艺种植产品电子商务发展模式中的作用是十分重要的。主要作用表现在以下几个方面：

第一，我国园艺产业电子商务模式的发展既需要专业的人才，又需要与之相匹配的低温冷链物流，园艺种植产品的交易还需要支付宝等支付平台作保障。然而对于物资匮乏、人才凋零的地区，缺乏园艺种植产品电子商务发展的几大要素，直接制约着我国园艺产业的发展。因此，政府要发挥积极的引导作用，从国家宏观层面着力解决制约我国园艺种植产品电子商务发展的种种问题，引导我国园艺种植产品电子商务向着健康有序的方向发展。

第二，政府部门要深入调研我国园艺市场，明确现阶段园艺种植产品电子商务发展的阶段及面临的困境，并在此基础之上出台相关的规章制度、法律法规，从实际上解决我国园艺种植产品现在所面临的问题。现阶段，在"互联网＋农业"的大背景下，政府重视水果、蔬菜等园艺种植产品电子商务的发展，并且已经出台了相关制度规范园艺市场的发展，但是在园艺种植产品标准化生产上以及低温冷链物流等方面，还需要进一步提高要求，形成园艺种植产品全方面的制度体系。

第三，政府应该成立园艺种植产品质量监管部门，建立园艺种植产品质量保障监管体系，园艺种植产品的安全与质量是园艺种植产品发展的"生命线"，政府的质量监管部门要了解整个园艺种植产品市场的动态，规范市场运作，对那些产品质量不合格、存在农药残留等质量安全问题的要及时解决，对每一家进入园艺种植产品市场的企业，都要严格进行检测，让整个园艺种植产品市场向着有序的方向发展。

三、园艺种植产品电子商务模式

1.B2B 模式（企业对企业）

B2B 是企业与企业之间通用的电子商务运营模式。B2B 电子商务运营模式是目前蔬菜、水果等园艺种植产品网上流通的主要模式之一。传统的园艺种植产品进行交易往往需要耗费大量的资源和时间，而通过 B2B 这种交易方式，从建立合作关系到送货到户，都使企业与企业之间减少了运营成本，缩减了复杂的工作流程，获得更多的收益。大数据时代的来临，使企业扩大了经营范围，园艺产业跨地域经营更方便，成本更低廉。

2.B2C 模式（商家对顾客）

我国最早产生的电子商务模式是 B2C 模式，消费者通过电商平台购买物品，在网上直接支付完成交易活动。消费者根据自己的消费需求在网上查看相关的产品信息，订购自己所需要的园艺种植产品；交易结束后，消费者将网上消费体验通过互联网与园艺企业进行交流，这样就能为企业以后的生产销售提供参考。

3.C2C 模式（个人与个人）

C2C 的服务对象主要是个人，其主要工作流程是：园艺种植产品工作者将自己的产品放到电商平台进行销售，消费者通过电商平台与客服进行交流，了解想要购买产品的相关信息，并直接从园艺种植产品工作者的手中购买园艺种植产品。省去复杂的销售环节，既可以增加收益，又可以让消费者买到质优价廉的蔬菜、水果等产品。这种模式是园艺种植产品走出去的重要平台模式。

4.移动终端商务模式

随着智能手机等移动智能终端的出现，而形成的新型电子商务模式，一是由从事电商的企业自主投入科技力量研发的服务于自己企业的 APP；二是依附于社交平台、聊天软件（不属于 C2C）推广各种产品，在业界称之为"微商"，微商的出现也为现阶段的电商市场注入了新的血液。

移动设备具有便利性和快捷性的特点，移动终端的出现，使得消费者上网场景多样化。客户可以在不受环境、时间的影响下，快速找到自己需要的产品。微商是依托于微信而存在，微信独有的快捷性、方便性为微商的发展奠定了一定的基础，尤其微信强大的信息推送功能，更是助推了微商的发展。微信电商作为移动电子商务发展的代表模式，虽然存在一定的问题与不足，但是其在用户数量和营销体系上，也有很多优势。最直接的就是其公众号推送功能以及朋友圈分享功能，对于我国电子商务的发展都是有益处的。

第二节　我国园艺种植产品电子商务的发展基础

一、我国园艺种植产品生产情况

现阶段，我国水果、蔬菜等园艺种植产品的供给呈现一定的不平衡性，这种不平衡性主要体现在季节和区域性上。大批量的果树、蔬菜的生长期、收获期主要集中在夏季、秋季，花卉产品具有一定的地域性，而全国对于水果、蔬菜和花卉产品的需求却是全年的、无区域范围的。

在我国整个生鲜农产品的产量中，园艺种植产品生产总量较大，且多年呈稳定状态，其中蔬菜在整个产品中所占比重最大，其次是水果。截至 2018 年年底，我国蔬菜、棉花、油料、麻类、水果、茶叶、烟草、特种经济作物等经济和园艺作物，播种面积超过了 0.4 亿公顷，总产量突破 10 亿吨，总产值突破 4 万亿元，全国约有 3 亿人直接或间接从事经济与园艺作物生产。

1. 我国蔬菜产销情况

蔬菜产业是农业的重要组成部分，是我国除粮食作物外栽培面积最广、经济地位最重要的作物。根据国家统计局数据显示，2012~2017 年中国蔬菜播种面积呈缓慢增长趋势。见图 4-1。

随着播种面积的不断增长，近年来，我国蔬菜产量保持稳定的增长态势。见图 4-2。

图 4-1　2012~2017 年中国蔬菜播种面积走势

图 4-2　2013~2018 年中国蔬菜产量及增速统计

数据显示：2018 年全国蔬菜消费量 69 271 万吨，相比 2017 年增长 1.7%，增速相比 2017 年虽然有所放缓，但是整体而言，我国蔬菜消费量增速依旧保持可观的趋势。2014~2018 年全国蔬菜消费量复合增长率 2%。见图 4-3。

图 4-3　2014~2018 年中国蔬菜消费量及增速情况

2018 年我国蔬菜进口量 49.10 万吨，同比大幅增长 99.11%，2014~2018 年全国蔬菜进口量复合增长率 21.95%。2018 年全国蔬菜进口金额 8.28 亿美元，同比增长 49.98%。我国蔬菜进口规模较大的品类为蔬菜种子，其次为马铃薯、辣椒、甜玉米、胡椒和豌豆等，整体规模不大，主要用途是种用、特色品种调节和加工。2018 年全国蔬菜出口量 1 124.64 万吨，相比 2017 年小幅增长 2.69%，增速有所放缓。2014~2018 年国内蔬菜出口量复合增长率 3.61%。2018 年国内蔬菜出口金额 152.58 亿美元，同比下降 1.83%。我国蔬菜出口优势品种包括蘑菇、大蒜、木耳、番茄、辣椒、生姜、洋葱、胡萝卜及萝卜等。见图 4-4、图 4-5。

2. 我国水果产销情况

我国一直都是果树种植和水果消费大国，行业规模极为庞大，对 GDP 有相当程度的贡献。2018 年，水果行业市场规模约 24 524.4 亿元，对 GDP 贡献率达到 2.72%。

目前，水果已成为继粮食、蔬菜之后的第三大种植产业，果园总面积和水果总产量常年稳居全球首位。2018 年面积达到 1 128.4 万公顷。见图 4-6。

图 4-4　2014~2018 年中国蔬菜进口量及进口金额统计

图 4-5　2014~2018 年中国蔬菜出口量及出口金额统计

图 4-6　2014~2018 年我国果园面积规模

2018 年我国水果产量达 2.57 亿吨，稳居全球第一，园林水果生产方面，产量最多的是柑橘，2018 年为 4 183 万吨，比 1978 年增加了 107 倍，占园林水果的 24%。从生产区域看，广西占据首位，产量为 836 万吨，其他主产省份依次为湖南、湖北、广东、四川、江西，产量分别在 400 万 ~ 500 万吨。其次为苹果产量，2018 年为 3 923 万吨，占园林水果生产的 22%。从生产区域看，陕西居于首位，为 1 009 万吨。传统的第一苹果大省山东下降到第二位，为 952 万吨。其后为：河南 403 万吨，山西 377 万吨。然后分别为梨、葡萄、香蕉和红枣。瓜果类水果中，2018 年，西瓜产量为 6 154 万吨，甜瓜 1 316 万吨，草莓 306 万吨，各省均有种植，主产区是河南和山东，分别为 1 585 万吨和 1 115 万吨。瓜果类水果的增长速度，远低于园林水果。见图 4-7。

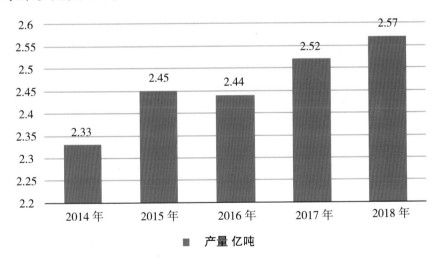

图 4-7　2014~2018 年我国水果产量

水果是人类饮食中不可缺少的重要组成部分，不但含有丰富的营养，而且能够帮助消化。随着人们生活水平的提高和改善性需求的增大，我国的水果行业已成为万亿级的产业，在农业经济中占据着重要的地位。数据显示，中国水果需求量持续增长，从 2009 年的

18 982 万吨增至 2018 年的 25 904 万吨，年平均增长率为 3.01%。近年来，中国一系列对外贸易协定的制定和对外贸易环境的改善都有利于水果进出口市场的扩大，而且中国居民收入水平的提高和对高品质、多元化水果需求的增加，推动了我国水果市场的繁荣。见表4-1。

表 4-1 2009~2018 年中国水果行业供需平衡情况

年份	产量（万吨）	进口（万吨）	出口（万吨）	需求（万吨）
2009	19 094	238	350	18 982
2010	20 095	264	322	20 038
2011	21 019	324	312	21 030
2012	22 092	330	328	22 094
2013	22 748	316	319	22 745
2014	23 303	388	289	23 401
2015	24 525	434	304	24 654
2016	24 405	404	368	24 441
2017	25 242	456	361	25 337
2018	25 688	573	357	25 904

3. 我国花卉产销情况

花卉产品作为我国园艺种植产品的重要组成部分，近年来得到了飞速的发展，截至 2019 年 12 月，我国花卉生产稳中有升，内销增长强劲。2019 年我国食用与药用花卉种植面积 308.7 万亩，较上年增加 9.22%；全国花卉生产总面积 137.28 万公顷，比 2018 年的 133.04 万公顷增长 3.19%；销售额 1 473.65 亿元，比 2018 年的 1 389.70 亿元增长 6.04%。我国目前花卉市场初步形成了"西南有鲜切花，东南有苗木和盆花，西北冷凉地区有种球，东北有加工花卉"的生产布局。其中，山东、江苏、浙江及河南为中国四大花木种植地区，2019 年合计花木种植面积超过 1 000 万亩。

从行业布局来看，我国花卉行业中地区、规模和技术水平也分化严重。江苏、浙江、广东、云南等地整体行业规模和技术水平发展较好，东北、西北相对滞后。并形成了以云南、辽宁、广东等省为主的鲜切花产区，以广东、福建、云南等省为主的盆栽植物产区，以江苏、浙江、河南、山东、四川、湖南、安徽等省为主的观赏苗木产区。

根据国家林业和草原局发布的《中国林业统计年鉴》和统计公报数据显示，2003~2019年我国花卉行业产值稳步提升，2019年花卉及观赏苗木产业产值达到2 614亿元，同比增长4.59%。

2018年我国花卉进出口产品主要分为种球、盆花（景）和庭院植物、种苗、鲜切花、鲜切枝（叶）、干切花、苔藓地衣七大类别。据统计，七大类花卉2018年的进出口贸易总额为5.98亿美元，较2017年增加0.39亿美元，增幅6.98%。其中，花卉进口额为2.86亿美元，同比增长4.96%，增幅明显减小；花卉出口总额为3.12亿美元，同比增长8.9%，增幅明显加大。由此可以看出，我国花卉进出口贸易仍然呈现上升发展趋势，出口额大于进口额，出口额增幅加快，进口额增幅放缓，出口优势显现。

从2017年、2018年我国海关花卉进出口数据统计的进口额来看，种球、鲜切花、盆花（景）和庭院植物类是我国主要的3种进口花卉类别。2018年，这3种类别花卉的进口额占进口总额的86.98%，同比增长1.86%。与2017年相比，2018年鲜切花、鲜切枝（叶）、苔藓地衣、盆花（景）和庭院植物等4类花卉的进口额呈上升趋势，种球进口额基本持平，种苗及干切花进口额均呈下降趋势。

2018年，我国花卉从全球67个国家和地区进口，与2017年相比，新增波多黎各、摩洛哥、罗马尼亚等6个国家和地区，瑞士、瑞典、新加坡等5个国家和地区退出。进口额排名在前的10个国家和地区是荷兰、日本、厄瓜多尔、泰国、智利、西班牙、新西兰、越南、南非、肯尼亚。其中，西班牙、肯尼亚、新西兰、厄瓜多尔、日本的进口增幅较大；荷兰、泰国、南非相对稳定；智利降幅最大。2018年我国花卉进口地区主要集中在云南、浙江、上海、广东、北京5个省市，进口额占总额的90.48%。这些地区分别是我国花卉生产、流通集散地（云南、广东、浙江）和花卉消费中心（浙江、上海、广东、北京）。

二、园艺种植产品电子商务的基础状况

1. 我国人口基数大，园艺种植产品需求大

我国在世界范围来看属于人口大国，人口数量多，人口密度大，特别是随着我国城镇化的发展，城镇人口呈逐年上升态势。截至2019年年末，我国人口总数140 005万人，与2018年相比，人口净增467万人。2019年我国城镇常住人口84 843万人，比2018年末增加1 706万人；乡村常住人口55 162万人，减少1 239万人。见图4-8。

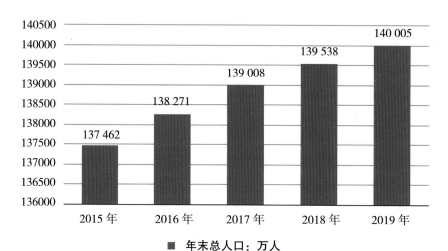

图4-8 2015~2019年全国总人口增长趋势

2.经济逐渐繁荣，居民购买力提升

随着我国经济的不断发展，人民的生活习惯也逐渐转变到对有机、健康食品的需求上面。按照国家统计局 2019 年 1 月发布的数据，2018 年，全国居民人均可支配收入 28 228 元，比上年名义增长 8.7%，扣除价格因素，实际增长 6.5%。其中，城镇居民人均可支配收入 39 251 元，增长（以下如无特别说明，均为同比名义增长）7.8%，扣除价格因素，实际增长 5.6%；农村居民人均可支配收入 14 617 元，增长 8.8%，扣除价格因素，实际增长 6.6%。同时全国范围内超过全国平均水平的有上海、北京、浙江、天津、江苏、广东、福建、辽宁以及山东共 9 个省市。随着我国人均居民可支配收入的提高，人们的消费能力也随之提高，2018 年，全国居民人均消费支出 19 853 元，比上年名义增长 8.4%，扣除价格因素，实际增长 6.2%。其中，城镇居民人均消费支出 26 112 元，增长 6.8%，扣除价格因素，实际增长 4.6%；农村居民人均消费支出 12 124 元，增长 10.7%，扣除价格因素，实际增长 8.4%。

三、互联网普及程度进一步加强，电子商务发展空间大

截至 2020 年 3 月，我国网民规模为 90 359 万人，互联网普及率达 64.5%，庞大的网民构成了中国蓬勃发展的消费市场，也为电子商务的进一步发展打下了坚实的用户基础。见图 4-9。

随着智能手机的日益普及和无线网络技术的发展，手机日益成为人们上网的主要工具。截至 2020 年 3 月，我国手机网民规模达 8.97 亿人。随着我国互联网技术的日益发展，更多的人逐渐将注意力转到电商平台进行购物。截至 2020 年 3 月，我国在互联网上购物用户规模达到 7.10 亿人，同比增长了 16.4 个百分点，手机购物用户规模

图 4-9　2013~2020 年中国网民规模和互联网普及率

达 7.07 亿人。网民所购买的商品也逐渐从生活日用品转为蔬菜、水果、绿植等园艺种植产品，按照阿里《农产品电子商务白皮书》中的数据显示，2016 年阿里平台农产品交易额突破了 1 000 亿元，同比增长速度超过 40%。这一系列数据显示，在我国当前的市场经济条件下，随着我国互联网技术的普及，我国园艺种植产品电子商务具有庞大的市场。

四、我国园艺种植产品电子商务物流体系的构建

1. 自建物流是园艺种植产品电商发展的有力保障

园艺种植产品不仅仅是我国居民衣食的主要来源，也是我国工业的一部分原材料，在我国农业经济中占有一定位置。然而园艺种植产品又多为水果、蔬菜、绿植等，具有一定的生鲜性、易腐性，一般含水量均在 90% 以上。这与一般产品不同的独特性质，就要求园艺种植产品无论是仓储还是配送，都需要合适的环境。产品的销售量直接受产品质量好坏的影响，要想将园艺种植产品电子商务经

营好，自建低温冷链物流体系是一项选择，它是保障园艺种植产品电子商务持续性运营的根本保障。园艺种植产品在整个的采购、仓储、运输过程中能够实现分类入库、分拣包装，并采用科学的办法实现全程保鲜，让消费者以最快的速度收到生鲜产品。

2. 第三方物流是生鲜农产品电子商务的有力支撑

近几年，我国园艺种植业迅猛发展，种植面积逐渐扩大，但是地区发展不平衡。尽管自建物流可以为园艺种植产品电子商务的发展提供保障，但是自建物流所需的成本又实在太高，而且与我国现存的园艺种植产品的分布地区不相匹配，因此就需要发展第三方物流作为连接。第三方物流是一座桥梁，连接着买方和卖方，三者之间通过签订合同进行明确权责。目前我国第三方物流正在逐步完善职能，并走向成熟，其在专业水平、服务质量上都有了明显提高。

3. 冷链物流是园艺种植产品电商发展的重点

随着我国国内对园艺种植产品需求量的增大，园艺市场逐步发展壮大，而"新鲜"二字正是园艺种植产品的根本价值所在。为了保障园艺种植产品的新鲜度，就迫切要求发展低温冷链物流。

虽然我国政府已经高度重视生鲜类农产品的整个低温冷链物流体系，并已相继出台多项政策以保障冷链物流体系的建立，但是我国冷链物流的发展仍处于初级阶段。按照第十届全球冷链峰会上中物联发布的数据显示，2017 年，中国冷链物流百强企业的总收入为259.83 亿元，占全国冷链物流的 27.52%，百强收入占比中，前 20 名市场占有率为 66.64%；前 50 强的占比为 84.72%。下一步，我国冷链物流需要加强区域合作，发展跨省、跨地区的模式，提高整个服务水平。

第三节　国内外园艺种植产品电子商务运营模式案例分析

一、国外园艺种植产品电子商务发展现状分析

1.英国的网上超市 Ocado

Ocado 的运营模式是生鲜类农产品电子商务的典范，其整个体系对于中国园艺种植产品电子商务的发展都有着重要的启示。Ocado 的独特模式在于，将自有品牌和开放平台相结合，将生鲜、鲜花、玩具、食品杂货等物品直接配送到消费者手中。

Ocado 具有独特的运营模式，它将 85% 的产品供应到英国哈特菲尔德运营中心，再由运营中心的工作人员根据订单信息配送到消费者手中。Ocado 最高端的技术应用于它的物流体系，Ocado 拥有独立的箱体，每个箱体有特定的温度、湿度，完全可以按照客户的要求将产品按照特定的温度、湿度配送到门。Ocado 成功的砝码不仅仅是其独特的物流处理技术，还包括其完整的供应链。

Ocado 带给我们的经验启示为：一是 Ocado 拥有独立的箱体，可以实现对各种鲜活的园艺种植产品分区进行温控，最大限度地保障了产品的鲜活性。二是 Ocado 辐射区域广，拥有巨大的运营中心，最大限度地缩短了买家与卖家的距离。

中国的园艺种植产品要做大做强，势必要在打造大型运营中心、建立独立集装箱体上下功夫，但是我们在学习其先进经验的同时，也要结合自身实际情况。我国幅员辽阔，大型运营中心目前只能在发达城市周边建立，不能在全国范围内广泛建立，同时独立箱体的建立需要耗费较多的物资,但这也是目前我国物流产业的努力方向。

2. 日本的"我的农民"网站

"我的农民"是日本的一家专营蔬菜、水果的电商专营店，它的客户主要是家庭主妇。2011 年由日本海啸引发的核泄漏危机，引发了日本居民对食品安全的担忧，而此时"我的农民"网站的诞生，恰恰解决了人们的担忧。人们可以通过手机、平板电脑等设备随时随地登录 "我的农民"网站，了解蔬菜、水果的种植基地、生长环境、品质、色泽等，还可以对比价格。总体而言，人们可以通过"我的农民"网站了解整个园艺产品方方面面的信息。因此"我的农民"网站在日本迅速崛起，它保障了人们以最合理的价格买到优质的产品，有效地降低了运输成本，保证了鲜活的园艺种植产品以最快的速度找到买家。目前，日本约有 60% 的顾客选择网购鲜活的蔬菜，这种园艺种植产品的消费体验在日本掀起了新的风浪。

日本的"我的农民"网站带给我们的经验启示为：一是要更加关注产品质量安全问题。二是要多措并举提高消费者对网购蔬菜、水果的信任度。将目标客户按照需求程度分层次设立，可以向私人定制、大客户群体、家庭散户等方面倾斜。

3. 美国的 Fresh Nation

Fresh Nation 是一种类似"代购"模式的电子商务，是由生鲜类园艺种植产品市场管理者与电商人士共同发起的，利用网络平台对产品信息整合，按照地域将蔬菜、水果等信息整合起来，为没时间逛菜市场的上班族提供产品信息。这样，没时间逛菜市场的上班族便可以按照地域选择所需要的蔬菜、水果，并在网络平台完成交易，在提交订单当天，由最近的 Fresh Nation 的服务人员为消费者采摘新鲜的瓜果蔬菜，并通过第三方快递配送到家。美国农产品市场辐射面积很广，所有的蔬菜、水果等产品都可以就近选点进行配送。

Fresh Nation 不需要独立的冷库就能够实现所有的果蔬直接从产地配送到顾客手中。可以说 Fresh Nation 没有建立自己的基础架构，它只是提供了一个集散平台，为消费者提供一种"代购"的经营模式。这种运营方式避免了库存积压的危险，避免了一定的经营风险，一定程度上也降低了成本。

Fresh Nation 带给我们的经验启示为：一是要按照城乡接合部的区位因素建立农产品市场，以缩短园艺种植产品的运输距离。二是重视城市人群的消费心理，提供"代购"的新型服务模式。

二、国外园艺种植产品电子商务运行模式带给我们的启示

通过对三种国外先进的电子商务模式的探究，我们可以得知，由于所处的经济发展水平不同，发达国家的整个农业产业链都已经实现了智能化运营，而我国农业的发展还属于小农经济，没有实现智能化管理，农业的生产比较分散。见表 4-2。

表 4-2　国外园艺种植产品电子商务运营模式带给我们的启示

国外园艺种植产品电子商务运营模式突显出了我们的局限性		
发达国家		我国
发达国家的农业普遍实现了现代化、规模化，鲜活类园艺种植产品能够实现农户与消费者对接或者农产品市场进行大规模配送	局限性	我国农业生产比较分散，农业产业链没有实现智能化，鲜活类园艺种植产品在我国无法实现如此高速度的配送模式
发达国家的果蔬类园艺种植产品流通市场化程度高且有相关的法律法规与之相配套		我国园艺种植产品产销信息不畅通，产品销售、流通等领域的法律法规不完善
发达国家园艺种植产品的生产实现了标准化且对于食品安全有专门的监管部门，食品安全无须消费者担忧		我国的园艺种植产品还没有建立完善的产前、产中、产后的质量标准体系，没有成立对于园艺种植产品全程监管的部门

国外园艺种植产品电子商务运营模式带给我们的可借鉴性		
发达国家		我国
英国的 Ocado 的经验启示	可借鉴性	建立温控集装箱，对园艺种植产品分区保鲜
		在我国城市密集区建立运营基地，提高配送速度
日本"我的农民"的经验启示		要更加关注产品质量安全问题
		要多措并举提高消费者对网购蔬菜、水果的信任度
美国的 Fresh Nation 的经验启示		要按照城乡接合部的区位因素建立农产品市场，以缩短园艺种植产品的运输距离
		重视城市人群的消费心理，提供"代购"的新型服务模式

　　我国的园艺种植产品电子商务模式可以借鉴美国的 Fresh Nation 这种形式，美国每 7.9 千米就存在一个农产品市场，这与我国农业产品生产分散的实际情况相符合，我们国家可以尝试在城市周边建立新鲜蔬菜集散地，为城市白领一族提供一种"代购"模式的电子商务，城市的工作群体坐在办公室就可以通过手机客户端进行下单，然后按照约定的时间，就近选点的人员就会进行派送，完成交易。

　　我国园艺种植产品要发展这种模式，必须借助农产品质量追溯系统，重点先确保食品安全，食品安全无须消费者担忧。

三、盒马鲜生电商运营模式简介

　　盒马鲜生作为阿里开拓"新零售"领域的"第一样本"，从成立伊始，就已经明确了其定位以及发展模式，着重布局生鲜市场，通过线上线下相结合的方式开创零售新业态。经过几年的探索，盒马鲜生顺利进入生鲜电商行业的第一梯队，其独具特色的发展模式也成为"新零售"行业的标杆。盒马鲜生电商运营模式的优势如下。

1. "重资产、重成本"的业务模式难以被复制

盒马鲜生开创了零售行业的新模式。借助互联网平台的优势，盒马鲜生将线下与线上经营相结合，引导客户建立"所想即所得"的消费理念，打造零售行业的O2O一站式消费模式。盒马鲜生在业内创新地将餐饮与超市相结合，并将消费、仓储、配送及物流集于一体，打造多场景的服务体验区，这种"重资产、重成本"的业务模式很难被完全复制，因此形成了盒马鲜生强有力的竞争壁垒。

物流是生鲜电商竞争力构成的重要因素，由于生鲜产品的特性，配送时长不仅可能会影响商品送至客户时的新鲜度，更重要的是会影响产品的折损率，从而会影响企业的配送成本。盒马鲜生的"前店后仓"模式以及全自动的物流体系则可以实现短距离的快速配送，并能在一定程度上减少商品的折损率。在其他生鲜电商1小时送达的大环境中，盒马鲜生"3公里内30分送达"的配送能力帮助其迅速脱颖而出，成为业内的标杆。

（1）盒马鲜生线上APP成为主要盈利渠道　盒马鲜生通过线上APP在实现导流、获客目的的同时搜集客户数据，通过大数据对客户的消费偏好、消费习惯进行分析，从而勾勒出清晰的客户画像，进行精准营销。

作为阿里系的盒马鲜生，在成立前便已经拥有强大的客群基础和客户数据，据阿里发布的截至2019年6月30日的业绩显示，包括淘宝、天猫在内的中国零售平台移动月活跃用户达7.55亿人，这一强大的消费者群体为盒马鲜生奠定了其他生鲜电商难以企及的客群基础。另外，在供应链方面，天猫也已布局多年，并初步形成了较为成熟和稳定的链条，盒马鲜生则可以直接采用这一资源，并在

此基础上进一步延伸阿里的供应链上下游。这些资源及阿里的信用背书都是其他竞争对手难以比拟的。

盒马鲜生APP产品种类丰富，包括生鲜、餐饮烘焙等多个细分板块，每个板块下又有近百种商品可供选择。对于生鲜类商品，配送范围3公里以内的30分内即可送达，极大地满足了客户线上购物追求"方便"的诉求。只要在配送范围以内的盒马鲜生消费者就被称为"盒区房"，据阿里财报显示，截至2019年6月30日，盒马鲜生的门店数量已达150家，"盒区房"已成为美好生活的代名词。

2018年4月1日，盒马鲜生的另外一种线上运营模式"盒马云超"正式上线，"云超特卖"成为盒马鲜生APP中的一个单独模块。相较于原有的生鲜模块，"盒马云超"还增加了美妆、厨具、日化等产品种类，进一步丰富了盒马鲜生线上产品的广度；在物流配送上，"盒马云超"采用翌日送达的配送方式，在一定程度上减轻了盒马鲜生的物流成本及配送压力。

据公开数据显示，盒马鲜生目前营收的60%~80%来自线上APP，且线上下单的转化率达到35%。

（2）"餐饮＋超市"的线下体验店延伸产业链 盒马鲜生的线下实体店以提升客户体验为主，采用"餐饮＋零售"的经营模式，将超市、餐饮、仓储、物流等功能集于一体，打造"一店二仓五中心"的经营体系，即以实体店为中心，建立前端的消费区和后端的仓储区，同时门店还承载餐饮、超市、物流、客户体验及粉丝运营管理五大功能。通过多场景的服务满足客户的消费需求，提高客户的到店率和留存率，同时通过提升客户的线下体验来提高线上销售率。

（3）多种业态的业务模式扩充覆盖人群 随着盒马鲜生主要模式的日益成熟及生鲜市场需求的不断扩大，盒马鲜生不断尝试拓展新的发展业态，针对不同的场景采取不同的业务模式，从广度上扩大覆盖人群，从深度上提高服务效率，努力在竞争激烈的生鲜电商中抢占市场份额。

目前，盒马鲜生已经布局了盒马 F2、盒马菜市、盒小马、盒马 mini 等新型业态，将客群从盒马鲜生的一、二线中高端城市拓展到了更多的三、四线城市。根据不同商圈、不同场景、不同消费人群的特点采取不同的业态模式，以满足客户的多样化需求。

2.科技赋能的运营模式拥有先天优势

盒马将自己定义为以数据和技术驱动的新零售平台，依托阿里大平台，盒马鲜生在大数据、人工智能等新技术研发及应用方面具有先天优势。智能操作系统、智能结账系统、自动化配送系统等的开发和运用在提高门店运营效率、降低成本的同时，也可以提升客户体验，提高客户留存率。

在客户数据的搜集上，阿里体系的数据协同及共享也为盒马鲜生提供了其他平台无法比拟的优势。盒马鲜生线上线下相融合的发展方式进一步激活了阿里系的用户数据，通过技术和模型刻画用户画像，分析用户的消费习惯、消费偏好等行为模式。根据用户的具体需求打造"爆品"，灵活调整线下商品库存及陈列，从而实现精准营销、以销定产。

（1）运用新技术，重构人、货、场运营模式　盒马鲜生建立线上线下相结合的 O2O 模式，颠覆了传统超市以及整个传统零售业的人、货、场的交互模式，大数据、人工智能等技术的落地应用打破了传统零售行业人、货、场三者之间的物理隔阂，实现了线上与线下运营的完整闭环。

电子标签的使用实现了生鲜价格的及时调整，并保证线上线下价格的统一，客户可以在线上消费到与门店完全一致的商品。冷链技术的运用以及数字化驱动的供应链体系，可以极大程度地保证盒马鲜生食品种类的丰富以及货源的安全。通过大数据、云计算等技术手段的运用，盒马鲜生研制出一系列的智能操作系统，极大地提高了线下门店的场景化体验水平，很大程度上满足了目前消费群体对于吃、喝、玩、乐的一体化需求。

另外，盒马鲜生采用 APP 统一结账的方式，客户买单时需要下载盒马鲜生 APP，而只要用 APP 消费过的客户就自动成为盒马鲜生的会员。这一统一的客户管理体系不仅可以避免再单独设立会员中心进行管理的成本支出，更重要的是此举可以完全打通线上线下客户数据搜集的渠道，从而实现对客户需求的深度挖掘，实现精细化运营和数字化管理。

（2）开创"前店后仓"新模式，实现物流快速配送　盒马鲜生将"前店后仓"的新模式引入零售业，将超市的一部分空间让渡给仓储，通过分布式仓储代替传统的集中式仓储，在短距离的配送范围内可以将生鲜由传统的冷链配送改为常温配送，因此可以在一定程度上降低企业的配送成本。另外，盒马鲜生建立起独具特色的自动分拣系统及仓配售一体系统，在店内设置约300平方米的合流区，通过自动化物流体系可以做到货物从接单到分拣、配货、出货全程不超过 10 分钟，这一全流程的自动化也为盒马的快速配送能力提供了有力支撑。

3.经验总结

盒马是阿里进军生鲜电商的重要布局，作为阿里"新零售"的先头军，盒马鲜生着重以生鲜食品为主，以一、二线城市的中高收入群体为服务对象，采用线上线下相结合的 O2O 经营模式迅速占领市场，快速将线下门店扩展至全国主要的一、二线城市。

相较于传统超市或现有的生鲜电商来说，盒马鲜生模式具有很强的竞争壁垒，很难被完全复制。盒马的重资产、重成本模式对于其他竞争者来说是难以模仿的，尽管近年来出现了很多"类盒马"的发展模式，但是盒马鲜生模式背后的供应链以及物流体系的支持却是很多业内竞争者难以比拟的。另外，依托于阿里，盒马鲜生拥有先天的技术及客户数据优势，阿里内部数据的协同机制也进一步为盒马鲜生刻画客户画像、实现精准营销奠定了基础。

第四节　园艺种植产品电子商务优化模式

在"互联网＋农业"的大背景下，我国园艺种植产品电子商务的发展应该是一个长期的过程，其未来应该是在一个比较完善的模式中去运营。对园艺种植产品电商模式的优化从宏观来看可以整合信息、扩宽销路，解决我国园艺种植产品因产销信息不通畅而滞销的问题。从微观来看，园艺种植产品电商模式的优化也是我国电子商务发展的一部分，它可以优化电商平台，培养人们新型的消费习惯，降低生产成本，增加企业利润。对我国园艺种植产品电子商务发展模式的优化大致可以从三个方面进行：抓好基础层，打牢核心层，关注支撑层。

一、园艺种植产品电商模式基础层的优化与管理

园艺种植产品电商模式的基础层主要包括信息整合、产品质量以及服务模式，这三者又以产品质量最为重要。基础层的建立在整

个园艺种植产品电商模式发展中起基础性作用，在某种程度上对园艺种植产品电商模式的发展起决定作用。

园艺种植产品产销信息的整合、公布，对于园艺种植产品的销售至关重要。在互联网时代，建立园艺种植产品完整的信息链条显得尤为重要，它能够让园艺种植产品电子商务的所有参与主体完整地联合起来。首先，我们应该将园艺种植产品电子商务与目前人们的生活习惯相结合，利用现有的手机软件，比如微信、微博、抖音等软件。在结合园艺种植产品实际情况的基础之上，建立独特的微信公众号，定期推送产品信息。除此之外，借助政府相关部门建立的综合性的农产品信息平台，将本企业收集的所有信息资源及时纳入平台，国家组织专人对全国的园艺种植产品信息进行统计、整合。

园艺种植产品的质量在整个园艺种植产品电子商务发展中占据重要位置，可以说它决定着整个园艺种植产品电子商务发展的成败。我们要建立自己的园艺种植产品拳头品牌，以品牌效应打造良好的园艺种植产品企业的形象。但是为了更好地保证园艺种植产品的质量，我们要建立一个卖家的评价体系（见表4-3）。由于园艺种植产品易腐烂的独特性，单纯地建立卖家的评价体系是不够的，还要建立园艺种植产品从生产到配送入户的全方位质量检测及质量追溯系统，使得买家对园艺种植产品的生产配送过程中的药物残留、是否可直接食用等情况进行监测，确保园艺种植产品的质量安全。

良好的服务可以扩宽产品的销路，提高电商平台的知名度。园艺种植产品电子商务的服务模式主要包括两类：一类是买卖的基础性服务；一类是电商平台的附加服务。基础性服务是第一层次的服务，只有基础性服务做好了，才能诱发园艺种植产品电商平台做附加服务，实现增值。

表 4-3　园艺种植产品卖家评价体系表

评估标准	评估内容
产品质量	所供应的园艺种植产品质量是否优质
生产能力	是否能提供稳定的货源
产品价格	能否提供性价比高的农产品
服务能力	能否提供货源外的服务，如配送、仓储等
信息分享	能否与园艺种植产品电子商务平台分享相关信息
信誉度	能否履行各项承诺
合作风险	合作风险有多少
合作保持	能否长时间保持合作关系

盒马鲜生电商平台在做好服务的基础之上，就加入了附加服务，比如在平台首页我们可以看到每类蔬菜、水果的营养成分，如何合理搭配，合理膳食，这对我国园艺种植产品电商平台的发展起到一定的推动作用。

二、园艺种植产品电商模式核心层的优化与管理

园艺种植产品电商模式的核心层在整个运营模式中处于中心位置，它主要包括营销与物流配送。其中营销模式是方法，物流配送是保障。只有优化这两个核心要素，我国园艺种植产品电子商务才能逐步发展壮大。

营销模式是我国园艺种植产品电子商务发展的核心要素。对此我们可以从多方面丰富营销内容。一是故事营销。利用故事营销最成功的就是三只松鼠企业，它为每一类产品都附加一个童话故事，电商平台的每一个客服也都取一个关于松鼠的名字，这种营销模式从情感上打动消费者，提高了产品的知名度，扩宽了市场。二是文化营销。中国是文明古国，具有 5 000 年的历史，每个地域都有自己独特的文化内涵，有自己的文化符号，我国电子商务在做营销方面完全可以借助当地文化内涵，形成独特的文化符号，加大营销力度，

为园艺种植产品自有品牌的创立打基础。三是品牌营销。园艺种植产品的质量参差不齐，消费者对于产品的专业辨别度较低，电商平台的品牌在一定程度上给了消费者对产品质量的安全保障。不同的营销模式进行定期总结，按照销量的实际情况确定最合适的营销模式。

物流是我国园艺种植产品电子商务发展壮大的保障。对于现阶段我国园艺种植产品电子商务所面临的物流方面的问题，可以从以下几个方面优化：

1. 建立线上线下相结合的、多模式的物流配送体系

园艺种植产品与一般产品不同，"新鲜"二字是园艺种植产品的根本价值所在。而我国地域辽阔，经济发展不均衡，使用单独的物流方式不符合我国实际。即使企业自建冷链物流，也无法辐射整个国内生鲜类园艺种植产品市场。

我国园艺种植产品电子商务在城市内部配送可以将自建物流与第三方物流结合起来，在城市外部要逐步建立高铁、航空的低温冷链物流，实现我国园艺种植产品低温冷链物流的网络化，提高配送效率，保障食品质量的安全。

2. 加大对低温冷链物流的技术投入

对于园艺种植产品电子商务低温冷链物流的技术投入，我们应该从预冷、储藏、运输以及配送几个方面入手，加大科技研发力度。预冷阶段，在现有自然降温预冷、空气预冷、水预冷、真空预冷等手段中，真空预冷是冷却速度最快、效率最高的方法，所以我国应该加大对真空预冷设备的投入，让园艺种植产品进入仓储库前就迅速冷却，延长保鲜期。在储藏期，要在现有冷库的基础之上，投入科学技术，对整个冷库实现智能化的管理，适时调整温度、湿度、酸碱度，延缓新鲜园艺种植产品的老熟度。在运输及配送阶段，主

要是将低温冷链物流与高铁、航空等先进的交通工具结合起来，从速度上提高物流的效率。

3.建立我国园艺种植产品低温冷链物流标准体系

只有建立园艺种植产品低温冷链物流的标准体系，才能保障对整个物流体系的监管，保证产品质量。规范同类园艺种植产品的保鲜温度、湿度、产品包装要求，并根据派送的距离远近制定最佳物流配送模式，实现最大化盈利。

三、园艺种植产品电商模式支撑层的优化与管理

我国园艺种植产品电商模式的支撑层主要包括法律支撑、人才支撑、金融支撑三个方面。这三个方面是园艺种植产品电子商务可持续发展的保障，三个方面和而不同，在园艺种植产品电子商务的发展中，起着支撑的作用。具体可以从以下几个方面进行优化：

从法律支撑层面来看，国家要加大法律宣传，定期对电商企业、园艺服务人员等进行法制宣传、开展法制培训。从立法主体来看，相关立法主体在设立法律或制定法规时，需增加相互间的沟通，尤其在某些交叉领域，审判标准要保持统一，要对现有法律不完善的地方进行补充，对现有法律没有辐射到的领域加紧立法。同时还要为电子商务的发展营造安全的网络环境，为互联网电子商务的发展保驾护航。

从人才支撑方面来看，国家应当提高我国农村整体的受教育水平，定期开展农业、互联网等方面知识的讲座，把最新知识传递给生产者，帮助他们提高产量，帮助农民进行网络直销，获得盈利。从涉农企业来讲，作为企业要向园艺种植产品的生产者、服务者普及销售知识，帮助他们了解市场信息动态，扩展销售渠道，减少因

销售不畅导致的损失。从高校的角度来讲,应当开设相关学科的课程,定期开展实践活动,完善教学内容,鼓励园艺生产带头人进入高校参加成人教育培训、网络教育培训等。

从金融支撑的层面来看,电商企业要结合自身的企业规模、运营模式建立完整的财务制度,以保证自身企业的持续化运营。企业的管理人员要自觉培养加强财务管理、自觉抵御风险的意识,还要建立标准的财务工作流程,按规章程序履行职责,规范化管理企业。从事园艺种植产品的企业,已经进入市场运营的或者处于试水阶段的,都需要在保证现有融资渠道的基础之上,扩展新的融资渠道。因为园艺种植产品不同于一般产品,它需要大额的资金投入到保鲜、物流等领域,所以我国园艺种植产品电子商务的发展需要在科学化的管理体系下发展壮大。

总的来说,园艺种植产品电子商务模式的优化需要从以上三个层面着手。在安全的网络状态下,利用统一的信息综合平台整合产品信息,为园艺种植产品扩宽销售渠道。同时搭建组合式物流模式,利用现有质量检测体系对园艺种植产品进行质量检测。三个层面互相协调,发挥作用,共同形成一个优化的、符合我国实际的电子商务模式。

第五节　园艺种植产品电子商务模式优化的重点任务

一、建立健全法律法规

互联网时代的到来,使越来越多的人看到"互联网＋农业"所带来的利益空间,便开始致力于水果、蔬菜类产品电子商务的发展。

水果、蔬菜是人们生活的必需品，是园艺种植产品电子商务的主战场，其在给涉农企业、农民带来利益的同时，本身存在的安全隐患也不容小觑。随着互联网经济的蓬勃发展，国家在这个方面的相关法律法规也在陆续出台，但是总体来讲，相关法律仍然太少，无法完全保障买卖双方权益，所以，我国要尽快完善相关法律法规。

第一，相关部门应加大法律宣传，不定期对电商企业、农业服务人员等进行法制宣传、开展法制培训，让更多的人知法懂法守法，如果产生纠纷，让人们知道如何用法律武器维护自己的合法利益。第二，互联网的发展瞬息万变，国家不但要使法制更加健全，更要让法律富有前瞻性。第三，从立法主体来看，相关立法主体在设立法律或制定法规时，需加大相互间的沟通，尤其在某些交叉领域，审判标准要保持统一，防止出现面对同一个问题，出现不同的标准，产生新的问题。第四，国家立法部门应对现有法律不完善的地方进行补充，对现有法律没有辐射到的领域加紧立法，不能给不法分子留有一丝空间，保障人民的权益。第五，国家应该为电子商务的发展营造安全的网络环境，公安部门应该加大力度打击电信诈骗和网络诈骗行为，为互联网电子商务的发展保驾护航。

二、加快数字农业发展的基础设施建设

园艺种植产品电子商务是我国农村产业经济的重要组成，它的发展是建立在互联网基础设施和大数据的基础之上的。网民增多、网上购物人员增多，网络购买新鲜果蔬的人也增多，其必然拉动整个农村经济的发展。对于我国而言，农业经济的发展速度制约着我国国民经济向前发展的速度。目前，虽然我国的互联网基础设施建设已经有了很大的发展，但是从整体来讲，我国的互联网建设依然

比较落后，东西部发展不均衡。互联网基础设施的普及，可以实现信息共享，使园艺种植产品生产者更加了解市场的动态，适时调整生产模式，寻找致富道路，可以建立农业供应链跟踪信息系统，更好地完成生产。对于从事园艺种植产品买卖的企业而言，可以更好地延伸产业链，获得利润。目前我国已经非常重视互联网基础设施的建设，在政策上和行动上都花了很大的力气，互联网基础设施的完善，将为我国园艺种植产品电子商务的发展赢得更宽广的空间。

三、培养专业化人才，提升从业者文化水平

园艺种植产品电子商务的发展不仅仅需要互联网基础设施在我国的普及，它更需要从业者具有较高的文化水平，需要懂得互联网信息处理技术的专业技术人才，需要懂得生产技术的工作者，还需要专业的物流配送人员。

我们可以看到，电子商务在我国的发展前提就是人民素质的整体提升，这样当政府和企业双向介入的时候，就可以资源互通，更好地推动经济建设。

在提高自身能力的同时，国家也要注重引进国外的高级信息化复合型人才，创建良好的平台，吸引国外留学人员投身我国园艺产业建设。利用他们在国外掌握的先进理念、前沿的互联网领域的高新技术运用到我国农业中，从而更好地带动我国数字农业的发展。

四、建立健全现代化物流链，鼓励第三方物流业发展

园艺种植产品电子商务的发展，需要建立现代化物流产业链，逐步完善物流体系，加大力度扶植第三方物流业的发展。虽然我国物流产业有了长足的进步，但是我国仍然存在东西部发展不平衡的

问题,这样就导致物流产业的发展不平衡,部分地区仅限于快递送件,所以,我国的物流基础设施建设还需进一步加强。

园艺种植产品具有保鲜期短、易腐败等特点,要发展园艺种植产品电子商务就需要建立大型的物流基地。物流基地要建立在交通便利的城市周边地区。大型物流基地可以成为园艺种植产品的集散地,当接到订单时,第一时间将货物发送出去。另外,大型物流基地的建设,不仅可以带动当地的就业,还可以吸引大批涉农企业前来投资,共享设施优势,形成产业群,进一步促进当地的经济发展。

鼓励第三方物流的发展,对于那些小型企业、试水企业可以依赖第三方物流,以最快的速度将产品从生产者送到消费者手中,但是供需双方彼此之间需要通过签订合同明确彼此之间的权责,以便保护双方的权益。此外,随着我国科技的不断发展、市场的不断需求,我国第三方物流业也发展迅速,服务质量方面有了明显提高,在配送速度和物流技术方面更加成熟。

第三方物流业就是应用电脑与互联网连接,运用大数据对市场信息进行综合分析,准确把握发展方向,规避风险,制定相应策略。园艺种植产品从原材料的提供到生产到仓储再到配送,都需要适宜的温度、湿度,需要低温储藏,这样才能保障园艺种植产品的新鲜,预防腐烂。这就需要建立一个高标准的物流体系,只有这样才能发挥电子商务的优势,完成整个产品的交易。所以,现阶段我国发展第三方物流业对于推动园艺种植产品电子商务以及整个数字农业的发展都具有十分重要的现实意义。

从爆款水果褚橙看生鲜电商

"传橙·传承：人生总有起落，精神终可传承"，一句简单的广告语概括了一颗橙子如何成为"网红"的故事。2002年，曾经的烟草大王褚时健东山再起，年近八旬选择二次创业，驻扎于云南哀牢山的2 000多亩田地，着汗衫、修水渠、研配方、种果树，10年间荒山变为橙园，"烟王"变为"橙王"。极具黄金酸甜比的橙子风靡了大街小巷，附着了褚时健励志故事的橙子红遍了整个电商界。褚时健的专注和纯粹令众多企业家望而生叹，褚橙的种植和褚时健的经营模式也已经成为生鲜电商和"互联网＋现代农业"的典型范本。

褚橙缘何能够如此快速地借助互联网引爆市场？这是因为褚橙产业链中渗透了强大的互联网基因，在生产、流通、消费和服务的每一环节都融入了互联网思维，成为高端生鲜电商产品中的佼佼者。其主要成功诀窍总结如下：

一、产品为王

褚橙销量连年增多的核心仍在于品质。褚时健为了保证褚橙的高品质，广泛学习柑橘种植方法，亲自进鸡棚挑肥料，下地里了解株距、施肥、日照、土壤和水。凭借多年的悉心摸索和实践，最终造就口感风味极佳的褚橙，受到广泛好评。

线上线下销售渠道相结合。褚橙触网前，布局了庞大的终端零售网络，形成了向下垂直的销售渠道体系。同时，新平金泰果品（褚橙所属公司）对线下销售渠道进行严格把控，在"云冠"的官方网站上列出授权经销商网点，大到全国性的零售企业，小到某个水果市场上的一个摊位，方便消费者辨识销售渠道真伪。对褚橙来说，线下资源是优势，广泛布局的线下销售渠道可帮助新产品迅速打入市场，面向未来O2O布局，结合就近网点配送效率也将更高。

二、个性化网络营销

褚橙与本来生活网合作，通过最初的一篇优质软文入手，以褚时健的故事包装一颗"励志橙"。之后，获得一批企业家的认同，"励志橙"的故事在微博等社交媒体平台大量传播，褚橙由此打开线上市场。2013年，本来生活网将包装变成一种营销手段，面向年轻人进行包装个性化定制，并借由社交网络进行互动和扩大宣传，同时还精选了一批在年轻人中有影响力的"青年领袖"，将褚时健的励志故事拍成视频上线播放，其中，优酷总播放量突破100万次，传播效应又进行了二次放大，年轻人市场就此打开。

三、仓储和物流保障

除了产品本身，仓储和物流成为保障生鲜产品口感和品质的重要环节。一方面，褚橙通过预冷保鲜、预先挑选、自动化标准分装、分选设备抽检等环节严控出货质量，并在3 000吨冷库基础上新征地62亩，修建未来年储20 000吨橙子的冷库，不断提升自身仓储和物流基础水平。同时，褚橙依托本来生活网等第三方电商和物流平台进行冷链配送，最大限度地减小生产端和购买端的果品差异。如本来生活网增加物流配送测试环节，通过大数据合理规划库存和提高冷链配送效率，降低外界不稳定因素在物流运送过程中带来的伤害。

四、互联网溯源打假，维护品牌形象

互联网具有双向放大效应，优质产品能够通过互联网迅速打开全国市场，而产品的任何瑕疵与负面效应也会因此快速放大。为了保障果品质量和安全，褚橙自建了果品防伪追溯系统，消费者可通过二维码扫描至防伪后台，查询果品的基础种植、物流、仓储等相关信息，以确保购买渠道正规可信。同时，褚橙还引进英国最新防伪贴标系统，从贴标技术上加大仿冒难度，降低了商贩利用包装造假的可能，通过互联网溯源打假，有力地维护了品牌形象。

本章从园艺种植产品、"互联网＋农业"等相关概念入手，分析我国园艺种植产品电子商务发展的相关问题，主要通过对构成园艺种植产品电子商务的四个要素、一个支点进行系统阐述，并根据园艺种植产品电子商务参与主体的不同，对现存 B2B、B2C、C2C 等电子商务发展模式进行系统介绍。利用比较分析法对园艺种植产品电子商务的供给现状、市场现状、物流现状进行探究，并利用海外和国内典型案例，针对阻碍园艺种植产品电子商务发展的制约因素，提出了合理的建议。

第五章
养鸡业电子商务

　　近年来，随着我国互联网技术的快速发展，电子商务日益兴盛，各类电子商务平台层出不穷，各行各业都在积极发展电子商务，尤其在国家提出大力振兴乡村经济后，我国乡村产业链越来越成熟，产业模式越来越多元化，互联网电子商务越来越受到农民的重视。本章主要介绍了养鸡业是如何发展电子商务的，通过研究养鸡业的基本特征，以及农产品的基本属性，结合其发展的背景，分析养鸡业当前所面临的种种问题，例如成本过高、加工水平差等问题，并且结合当前该产业的市场情况，针对未来养鸡业的电子商务发展从政府、企业以及农民个人三个层面提出了一些发展路径，推动我国农村养鸡业的经济发展，转变发展方式，形成经济发展新业态，有效地推动农村经济的提升。

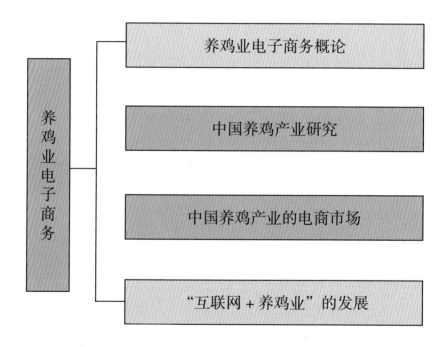

第一节 养鸡业电子商务概论

养鸡业是农业中的重要领域，也是安天下稳民心的产业。与"互联网+"相伴而行，它能否找到新方向、迈入新境地？

一、国家政策的支持

2015年7月1日，国务院出台《关于积极推进"互联网+"行动的指导意见》，在该意见圈定的11个"互联网+"重点领域行动中，现代农业排在第三位，仅次于创业创新和协同制造。2015年8月21日，商务部等19部门联合印发《关于加快发展农村电子商务的意见》。2016年5月12日，发改委、中央网信办等8部门联合印发《"互联网+"现代农业三年行动实施方案》。

2016年中央一号文件提出，大力推进"互联网+"现代农业，应用物联网、云计算、大数据、移动互联网等现代信息技术，推动农业全产业链改造升级。

上述一系列政策的相继出台，加快了现代化农业发展和互联网与"三农"领域的融合发展。在"互联网+"行动计划的推动下，互联网正在逐渐成为影响现代农业发展的重要因素。包括养鸡业在内的农业这个看似最传统、最古老的产业，与互联网的关系正在变得更加紧密。

事实上，当前养鸡业的发展，也需要"互联网+"的助力，"互联网+"可以有效服务全产业链，互联网思维提供的解决方法和工具，让养鸡业的生产和经营更加精准、高效、可追溯，也倒逼养鸡业提高自身的标准化、规模化、信息化程度。而消费者出于对优质蛋产品的需求，也对"互联网＋养鸡业"充满期待。

二、养鸡业电子商务的发展

2015年，农牧业到处在谈论电商，众多农牧企业跃跃欲试，准备在互联网上一显身手，纷纷开通公众号、建立微信群。越来越多的企业高层开始意识到互联网与自己所做的事情不是井水与河水的关系，未来商业世界中，互联网已经是不可回避的一个重要部分。

在国务院发布的《关于积极推进"互联网＋"行动的指导意见》中明确了"互联网＋"现代农业的四个主要任务：构建新型农业生产经营体系、发展精准化生产方式、提升网络化服务水平、完善农副产品质量安全追溯体系。

具体到养鸡业，互联网已经逐渐渗透到企业和全产业链条，成为企业转型战略中的"座上宾"。北京伟嘉集团于2015年5月18日牵头启动"嘉农在线"，得到用户、农业部门等的充分肯定。目前是全球最大的养鸡产业互联网平台之一。江苏鸿轩农业推出"互联网＋"真云养殖模式（互联网＋生态农业＋产业金融），着力打造更高效完善的鸡蛋营销平台。北农大集团于20周年公司庆典活动上发布了"蛋e网"鸡蛋交易平台。吉蛋堂从2015年1月成立后，就开始致力于孵化蛋鸡产业链新经济，打造蛋鸡产业链第一互联网生态社群，共创蛋鸡产业链生态红利。

中国工业化信息化进程与互联网化浪潮叠加的独特节奏，养殖业转型进入深水区和互联网基础设施的完善为"互联网＋"养鸡业的发展提供了良好机遇。

第二节 中国养鸡产业研究

一、中国鸡产业的基本特征

鸡产业是指鸡产品的生产者在市场上的集合，鸡产品生产者之间的相互关系结构就是鸡产业组织。鸡产品既是人们生活不可或缺的蛋白质和维生素的重要来源，是重要的食品之一，又是食品、医药、饲料等多种轻工业的重要原料，因此，鸡产品是重要的消费品和中间产品，鸡产业的发展对人们生活水平的提高和工业乃至国民经济发展具有重要的作用。

按其范围不同，我们将鸡产业分为狭义和广义概念，广义的鸡产业既包括鸡产品的生产、加工、销售，也包括鸡饲料、鸡苗的生产、防疫及鸡产品废弃物的利用等；狭义的鸡产业仅包括鸡产品的生产、加工、销售。本章对鸡产业的研究，仅以鸡产品的生产、加工和销售为对象，对鸡产业组织进行探讨。

二、鸡产品的属性

1.鸡产品具有农产品属性

鸡产品特别是鸡肉和鸡蛋是我们生活不可或缺的农产品，它具有农产品的共同特性，即具有鲜活性、生产上的区域性、季节性等特性。同时，鸡产品作为人们的生活必需品，具有需求弹性小的特点。

（1）鲜活性 鸡产业的产品种类很多，作为鸡产业的初级产品肉食鸡、鸡蛋以及加工后的分割鸡肉等产品，都具有一个相同的特点——鲜活易腐，特别是鸡蛋还易碎，这就为产品的储藏、运输提出了较高的要求，在流通过程中必须采取一定的措施。这使得农产品流通比工业品流通更具风险性，且有更强的资产专用性。

（2）区域性　鸡产品生产虽然在我国分布很广，但是，以商品化、市场化为目的的生产，还是具有一定的区域性。首先，我国的鸡蛋的主产区在山东、河南、河北、辽宁、江苏和四川等省。根据图 5-1 可知，2018 年我国山东省鸡蛋产量为 447 万吨，河南省鸡蛋产量 413.61 万吨，河北省鸡蛋产量 377.97 万吨，辽宁省鸡蛋产量 297.20 万吨，江苏省鸡蛋产量 177.96 万吨，四川省鸡蛋产量 148.80 万吨。

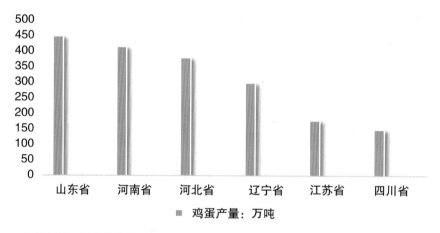

资料来源：国家统计局。

图 5-1　2018 年六省鸡蛋产量

（3）季节性　鸡产品是指人类利用鸡的动物生长机能而获得生活所必需的食物和其他物质资料的经济活动的产物。这就决定了鸡产品的生产周期由鸡自身的生物学特性决定。近年来，随着养鸡业的规模化、室内化、人工化的发展，鸡的生物周期也被新技术打破，但是，鸡自身的生物学特性仍然是制约鸡产品产量周期性的重要因素。

2.鸡产品具有工业产品属性

随着先进技术的应用，愈来愈多的鸡产品被深加工生产成保健品等，如山东省凤翔集团将鸡产品加工生产出系列食品添加剂、保健品，将鸡血生产成血肽、颐血片、安内鸡内金胶囊等产品，摆脱了农产品的鲜活易腐属性，大大提高了产品的附加值，摆脱了农产品储存、运输难的束缚。

三、鸡产业的特征

1.鸡产品生产的集中性和消费的分散性

鸡产品生产的区域性和季节性决定了鸡产品生产时间、空间分布的集中性。但是，鸡产品是人们生活不可或缺的重要食品，人们对其需求的长期性，特别是节假日的需求量更大，也就决定了其消费市场的广阔性，即分散性。鸡产业存在着生产时间、空间集中性与消费时间、空间分散性的矛盾，生产经营中已出现供求不平衡问题，加大了产业经营利润的不确定性。

2.鸡产业风险性较大

第一，鸡产品生产和消费的分散性，使得每个经营者都难以取得垄断地位，市场信息也更加分散；第二，鸡产品生产的季节性强，导致市场价格波动大；第三，鸡产品的鲜活性使得农产品在区域间和季节间进行调节更加困难。这些都使鸡产品经营具有更大的经营风险。

3.鸡产品市场具有区域性

由于鸡产业生产的区域性，而人们的需求是分散型的，因而需要不同区域间进行贸易。然而鸡产品的鲜活易腐、易碎性又决定损耗比例会随时间加长和距离加大而迅速上升，造成流通成本迅速上升，从而限制了流通半径。

综上所述，鸡产业的特征极易造成以下后果：一是有可能造成市场分割，形成区域性市场，信息不完备与信息不对称，必定导致道德风险与逆向选择，从而降低市场效率；二是鲜活易腐、易碎要求的专用性资产投资可能会降低市场竞争程度；三是过大的经营风险会降低经营者的未来预期，往往会使经营者更多地采取短期的机会主义行为，不利于形成有序的市场竞争和培育市场行为主体。

第三节　中国养鸡产业的电商市场

一、中国养鸡业市场结构分析

无论是养鸡业还是鸡产品加工业都属于劳动密集型产业，由于我国劳动力资源丰富，并且鸡产业的收益相对种植业比较高，可以有效地提高农民的收入，是农村增加农民收益的有效途径之一。但是随着社会经济的发展和市场经济体系的不断完善，我国鸡产业的市场结构表现出了明显的不适应性。因此，有必要对我国鸡产业的市场结构进行分析，以便促进我国鸡产业的发展壮大。

1. 养鸡业的进入壁垒分析

依据产业组织理论进入壁垒的内涵，我国养鸡业的进入壁垒可以定义如下：凡是阻止或影响新的农户或其他人员从事养鸡的因素都可以称作是蛋鸡或肉鸡养殖的进入壁垒。

目前，无论是肉鸡还是蛋鸡养殖，在农村作为一项相对效益较高的畜禽养殖项目，吸引了大量的农户参与其中。在很多地方养鸡成了家庭收入的主要来源，相对于以前养殖的数量有了大幅度的提高, 养殖的方式也有了很大的变化。农户事先需要进行一定的投资, 比如雏鸡的购买、鸡舍的搭建、购买饲料等, 并且在很长一段时间内等不到资金的回收, 因此在资金上也产生了一定的进入壁垒。

2001 年的区域性重大疾病, 2003 年的"非典", 特别是 2004 年持续流行的禽流感, 给养鸡业带来警示, 改变了许多养鸡户的养殖观念, 养殖方式开始由"小规模、大群体"向"大规模、大群体"转变, 从而使市场部分亏损企业和养鸡户退出养鸡业, 有条件的养鸡户转向标准化、规模化养殖, 资金投入大幅增加。下面以山东省诸城市养蛋鸡专业户魏本范进行举例。

魏本范从 20 世纪 90 年代末开始从事蛋鸡养殖, 当时养殖规模为 5 000 只, 后扩建饲养规模达 1 万只, 总共投入资金 17 万元。2001 年又进行扩建, 修建了较为现代化的自动上料、自动饮水、纵向通风、湿帘降温的标准化鸡舍 1 栋, 购入了 1 万只鸡苗, 至鸡产蛋前共投入 43 万元, 其中鸡成本 23 万元。

（1）资金壁垒　仅就投入资金而言, 如果没有这 43 万元, 此项生产根本不可能进行, 这 43 万元就是魏本范进入蛋鸡养殖业的资金壁垒。

（2）技术壁垒　魏本范本身有从事蛋鸡饲养近 20 年的经验, 使他掌握了很多防疫、饲养、配料的技术。这对于新入行者来说就是从事本行的技术壁垒。

（3）营销壁垒　魏本范长期以来有了许多固定的客户群, 每天都有客户上门来购买鸡蛋。这对于新入行者来说, 在鸡蛋市场总体供过于求的形势下, 从其他经营者手中分得市场份额, 是其生产顺利进行的又一前提, 成为市场营销壁垒。

随着社会经济的发展和人民生活水平的提高, 人们对环境的重视，对产品的要求也越来越高，对无公害产品越来越重视，无论是蛋鸡还是肉鸡的绿色生产均会成为21世纪养鸡业的主流。实现鸡的绿色养殖需要的投资相对较大，对养殖技术相对有更高的要求，对养鸡户的素质要求也更高。因此，今后很长一段时间内可能产生根源于技术和产品差异的进入壁垒。

2. 养鸡业的退出壁垒分析

（1）资产专用性和沉淀成本是影响和决定养鸡业退出壁垒的决定因素　资产和机械设施具有较强的专用性以及技术上的专用性，如果要退出，这些资产和机械设施很难转为他用，所掌握的技能和技术也难以在其他行业应用。养鸡的饲料搅拌机、电磨等机械具有较强的专用性，养殖技术也具有很强的行业特征，近几年来，随着养鸡户投入的加大，一旦从事该行业，如果退出的话，要想收回投资的绝大部分资金很难。

（2）订单或者合同的影响　在养鸡过程中，尤其是肉鸡养殖过程中，经常会有肉鸡加工企业与肉鸡养殖户经过协商，在达成一致意见的基础上，签订受法律保护的生产销售合同。按照合同的要求，养鸡户进行某品种肉食鸡的养殖，达到标准后，定时定价收购。通过这种"订单"把产销双方连接起来，明确了各自的权利和义务，要求双方按照合同条款操作，无论哪一方违背了条款都要承担违约的经济赔偿责任。此外，养鸡户和公司、出口企业等签订的出口合同等也在短期内增加了养鸡户退出养鸡业的成本，从而产生了养鸡业的退出壁垒。

（3）养鸡的特点决定了养鸡户短期内不能随意退出　无论是蛋鸡还是肉鸡都有一定的生长期，养鸡户一旦进入了鸡的养殖，就要受其生长发育规律的制约，不能中途退出，否则就会遭受重大的经济损失。如肉鸡的养殖，如果中途终止，鸡的重量达不到标准，形不成有效的鸡产品，遭受的不仅是重量上的损失，而且还要承受产品质量不足带来的损失。这对于养鸡户来说，往往意味着家庭收入的急剧减少。

（4）信息的不足增加养鸡户短期内退出养鸡业的成本　对于养鸡户来说，由于农村信息较为闭塞，获得信息的成本相对较高，若随便更换家庭主营产业势必要承担较高的风险。并且，由于农村信息相对落后，养鸡户对于其他的一些致富信息一方面难以获得，另一方面即使能够获取也不容易辨别真假，这就增加了养鸡户退出养鸡业的机会成本，降低了养鸡户退出养鸡业的预期，即提高了其退出壁垒的高度。

（5）行政指导的影响　政府部门在引导和推广中发挥了重要的作用，政府在信息的提供、技术的指导等各个方面为养鸡户提供了重要的帮助，使养鸡业的信息、资源相对较为丰富，吸引了大量农户的参与，人为地增加了养鸡户退出养鸡业的机会成本。再加上养鸡户的辨别能力低和风险规避的思想，导致养鸡户一旦从事养鸡业后，不愿也不敢轻易退出，从而增加了养鸡户养鸡的退出壁垒。

由此可得出，蛋鸡和肉鸡养殖业都存在着较高的退出壁垒，而且随着养殖现代化程度的提高，退出壁垒也将会不断提高。

3. 养鸡业的产品差异分析

产品差异是指不同的生产者生产的同一类产品具有不同的特性。一般可以分为产品的物质差异、形象差异以及售后服务差异。按照纳尔逊的定义，商品被区分为搜寻型商品和经验型商品。人们可以在选购之前通过检验而获得搜寻型商品的质量特征信息；而对于纯粹的经验型商品，人们只有通过使用才能度量出其品质。对于鸡产品而言，我们虽然可以对同种产品的外形、大小等特征进行观察，但其具体的口感只有在食用后才能够知道，而其对健康的长期影响也许是我们短时间内无法知晓的，因而鸡产品具有一定的经验型商品特征。

鸡产品的差异主要是指物质差异，即外在质量和内在品质上的差异。鸡蛋的差异，从外观上看，可以分为白壳蛋、红壳蛋、粉壳蛋、绿壳蛋等，从外观上说鸡蛋具有明显的产品差异性。但是作为一种食品，鸡蛋的价值在于其所含的营养元素，鸡蛋所含营养价值的高低，单单从外部是难以辨别的，尤其是对同色蛋壳的鸡蛋而言，更是无从区分，即使不同颜色蛋壳的鸡蛋，其内在质量的高低也难以辨别。所以说，对于鸡蛋产品来说，虽然在外观上具有明显的差异性，但是这并不是消费者选择的决定性因素。所以其产品差异性往往被消费者忽略，也就是说，对于鸡蛋来说，其产品差异性比较小。

对于肉鸡产品的差异性而言，不同肉鸡产品的差异程度不同。比如活体鸡，消费者可以分辨其外观的差异，但是无法分辨其内在品质的差异；白条鸡在颜色、气味等方面能够产生差异，但其内在的质量同样也无法快速地为消费者所知。所以说，肉鸡产品虽然其外观存在着差异，但是其内在品质的差异需要专门的检测手段和检测设备才能获取，普通消费者是无法获取的。

由于鸡产品的特性，消费者无法在短时期内获得其产品差异性，但是，较长的时间内也可能获取一定可表现的产品差异性。随着养鸡业、鸡产品加工业的发展，生产产品的质量品质会具有一定的差异。各地区的消费者通过对不同地区产品较长时间的食用，能够对各地区产品的质量形成一定的了解。消费者可以通过产地的不同，初步分辨产品质量。一些绿色产品等逐渐出现，从而形成一定的地区产品差异性和品牌差异性。

二、中国鸡产品加工业市场结构分析

1.鸡产品加工业的进入壁垒分析

鸡产品加工业的进入壁垒是指新进入的加工企业与在位的企业在竞争过程中所面临的不利因素。进入壁垒的大小反映了市场内已有鸡产品加工企业优势的强弱和潜在进入企业所面临的劣势程度。我国鸡产品加工业虽然存在着一定的进入壁垒，但进入壁垒的程度相当低，不利于鸡产品加工企业规模的扩大。这与其影响因素是分不开的，下面从影响进入壁垒的三个主要因素进行分析：

（1）必要资本限量壁垒　必要资本限量是指企业进入市场时所必须投入的最低限度的资本量。必要资本限量要求越大，新企业的筹资就越困难，进入市场的障碍也就越高。而且必要资本限量的大小与规模经济密切相关，规模经济性越显著，其需要的必要资本限量也越高。对于新进入的鸡产品加工企业而言，有一部分投资是必需的，像冷库和恒温库的建设等。而且，大型的肉鸡冷冻生产线以及大容量的冷冻保鲜库等，随着规模的扩大成本可以有效地降低，即鸡产品加工业虽然属于劳动密集型产业，也具有较高的规模经济性。因此，从这方面来说，鸡产品加工业具有一定的进入壁垒。但实践中我国的鸡产品加工企业多进行初级产品的生产，即进行普通的脱毛、分割、冷冻等，建造的各种冷库技术水平不高、效果不好，生产设备普遍比较简陋，投资不大，所以吸引了众多的小规模低水平的鸡产品加工企业进入。不过，随着鸡产品加工业的发展以及国际市场竞争的要求，必要资本限量壁垒将会越来越高，即要求新加入企业的初始投资和初始规模越来越大。

（2）绝对费用优势壁垒　所谓绝对费用优势壁垒是指产业内的在位企业经过长期的努力，在原材料的采购和控制、技术专利、分销渠道等方面具有一定的优势，掌握了一个或者多个的关键资源，这些优势与企业的规模相关性不大，却是潜在进入者无法比拟的，使得新企业进入时要承担更大的费用，从而形成了新企业进入的障碍。对于鸡产品加工业来说，在位企业一般拥有比较稳定的肉鸡原料供应基地，有效地保证了原料供应，而对新进企业来说，养鸡户的养殖分散，质量参差不齐，很难在短时间内获得比较稳定的、具有质量保证的原材料供应。同时，在位企业经过长期的努力，具有比较熟练的管理人员和技术工人，也可以凭借其信誉等较容易地筹措到资金，这些都是新进入企业在短时间难以获取的。

（3）行政及法规壁垒　在市场运作的过程中，政府通过制定相关的政策或者法律条文，间接影响企业的生产经营活动，从而形成了一定的制度性壁垒。政府可以通过某些优惠政策对新进企业加以扶持，从而降低进入壁垒的程度。目前，山东地区比较重视对一些加工规模比较大的龙头企业的扶持，这在一定程度上提高了鸡产品加工业的进入壁垒，有利于鸡产品加工企业规模的扩大。

从以上可以看出，我国鸡产品加工业存在着一般工业企业的进入壁垒，因国家对从事鸡产品加工企业没有行政性障碍，同时鸡产品加工企业也不需要其他的专利技术，所以，存在的进入壁垒并不很高。

2.鸡产品加工业的退出壁垒分析

我国鸡产品加工业的退出壁垒是指企业退出鸡产品加工业时的障碍性因素。对于鸡产品加工业退出壁垒的度量，有的学者提出了可以从"生产能力过剩度"和"亏损企业率"来衡量，但是由于缺乏相关的行业统计资料，无法进行计算，在此只从影响鸡产品加工业退出壁垒的因素加以分析。

（1）沉淀成本　鸡产品加工企业的许多资产具有专用性，比如冻鸡的生产线设备、一些鸡蛋的加工设备等，而且不同种类的畜肉产品需要的设备差别比较大，像鸡肉、牛肉和猪肉等禽畜由于本身的个体差别大，因而所需设备也有所不同，这更增加了鸡产品加工设备的专用性。鸡产品加工企业的冷库、恒温库等一般根据鸡肉产品需要的环境条件进行设计，与其他的食品（植物性食品）有所差别，也产生了一定的专用性。因此，企业在转产或者退出时，这些设备资产很难移作他用，也很难以公平的价格处理。这些都是鸡产品加工企业的沉淀成本，加大了鸡产品加工企业的退出壁垒。

（2）企业的信誉　很多的鸡产品加工企业不仅仅进行鸡产品加工，还进行相关农产品的加工。若企业停止加工，势必会被认为是企业的竞争能力下降，会导致企业信誉的降低，从而影响企业在其他方面业务的开展。即使一些小的加工企业只进行鸡产品加工，但是若进行转产，由于其涉及的地域比较窄，与其有业务联系的养鸡户或其他单位受到影响后，可能导致其信誉受到极大的损失，使其在较小的范围之内难以找到交易者。这些都提高了退出壁垒的高度。

（3）行政及法规壁垒　对于我国的鸡产品加工企业来说，存在一个特殊的行政退出壁垒。在很长一段时间内，政府部门为了增加农民收入，协调组织一些企业与养鸡户签订协议，引导养鸡户养殖某些品种的肉鸡或者蛋鸡。为了保证社会的稳定，会尽量避免企业盲目退出。

3. 鸡产品加工业的产品差异分析

产品的差异是指产业内相互竞争的企业生产同类的商品，由于在商品的质量、档次、外形等许多方面都存在着差异，从而导致产品之间具有不完全的替代关系。产品的差异可以分为"真实"的产品差异和"人为"的产品差异。"真实"的产品差异指产品的物理性差异，是由产品的自然特性决定的，而"人为"的产品差异是由于买方主观偏好或者企业的宣传以及买方的知识水平等所形成的。并且，对于"人为"的产品差异，消费者主观性立场起着决定性的作用，也就是说，即使产品存在着物理性差异，也由于宣传的不足或者检测手段的落后，消费者难以认识到其差异所在，对于消费者来说其产品就是同质的。

对于鸡的相关加工品而言，其差异化程度是比较低的。从产品的物理特性来看，各鸡产品加工企业的产品无论是鸡蛋的加工品还是肉鸡加工品，都具有非常高的雷同性。如腌制蛋、皮蛋、冻鸡、白条鸡等。由于鸡相关加工产品的外观基本雷同，即使工艺水平不同，质量有所差异，但除非质量相差足够大，否则凭借现在的检测手段和检测工具以及消费者的知识水平，消费者是很难快速地对各企业的产品做出正确的区别和判断。即不同加工企业的加工产品对于消费者来说质量都相当，除非消费者经过长时间的食用之后才可能有正确的判断。因此，从这个方面来看，鸡加工产品的差异化壁垒比较低，对新企业进入的阻碍比较小。

但是随着21世纪可持续发展的推进以及社会和经济的发展，人们对产品质量越来越重视，不少企业也开始注重对自己产品质量、品牌的宣传，并通过一定的手段来传递产品的信息，比如通过获取国际一些比较著名的检测认证。现今由于鸡产品加工企业中获取国际权威认证的企业数量还在少数，只有一些规模相对比较大、技术水平比较高的企业获得了像HACCP认证、ISO9002国际质量认证、美国FDA认证等国际权威机构的认证证书，大多数企业还未取得相关的认证。

可以预测，今后随着人们对可持续发展越来越了解，对诸如绿色标志、绿色食品标志、有机食品标志、HACCP、ISO9002等认证的熟悉和认可，其传递产品信息功能将进一步加强，鸡产品加工企业也将会越来越重视。

三、中国鸡产品营销市场结构分析

农村的养鸡户既是一名原料生产者也是一名经营者，是最初级的营销者。养鸡户通过市场调查，依据市场信息安排制订蛋鸡或肉鸡的养殖计划，开展初级的营销活动，通过小型集贸市场出售自己的鸡蛋、肉鸡。养鸡户作为鸡产品的营销者而言，其组织化程度非常低，一般都是养鸡户自家单独进行销售。但作为龙头企业合作伙伴的养鸡户，其与龙头企业之间有契约存在，鸡蛋、肉鸡到需要出售的时间，其产品的销售不必自己负责，有契约企业负责收购，不存在相关支出与费用。

第四节　"互联网＋养鸡业"的发展

一、"互联网＋养鸡业"的现状

"互联网＋养鸡业"不是想加就能加的，目前来看，行业内成功的蛋鸡产业互联网公司还不多。问题出在哪儿？主要表现在以下几个方面。

1. 观念和意识的转变

企业拥抱互联网的意识，以及市场环境中产业链上下游主体对于互联网的整体接受和适应的意识等，都需要转变。多数农牧企业最终的结果还会是走向被"颠覆"而无法完成真正的"互联网化"。因为根深蒂固的成功经验、思维定式让他们在看待互联网新世界的时候如同戴上了"热像仪"，以至于他们看到的只是"最热"的表面和粗糙形态，却看不到整体与完整的细节。

2. 资本投入

平台的搭建，生态圈的建设，前期很烧钱，还要免费，这个决心不容易下。另外，具备这个实力的企业也不多。

3. 治理结构

产业互联网战略对自己是一场颠覆，但行动若要跟上，就要重塑肌体，会很痛，这个决心不容易下。

4. 经营逻辑

互联网颠覆传统企业的常用打法就是在传统企业用来赚钱的领域免费，从而彻底把传统企业的客户群带走，继而转化成流量，然后再利用延伸价值链或增值服务来实现盈利。先利他，再利己，这就是今天互联网的逻辑。如何不赚钱地把产品卖出去，对于习惯利润优先的农牧企业来说，这个弯不好拐。

5. 队伍建设

既懂蛋鸡业，又懂互联网的人才缺乏，以伟嘉为例，其销售服务团队，在饲料领域是虎狼之军，但在金融、电商、数据领域就是小白了，他们的转型是一大挑战，这个决心不容易下。

6. 理解错误

目前农牧企业很大的问题是把电商理解为互联网，更大的问题是太多的农牧企业想要做互联网企业。这些企业大多是要失败的，方向错了，努力越多带来的负能量越大。

总之，互联网时代是个变革的时代，蛋鸡领域的企业只有毁掉以前的"三观"，重新思考问题，才可能成为蛋鸡业的领军者。

二、"互联网＋养鸡业"发展问题解决对策

1.试错中勇猛前行

"互联网＋养鸡业"虽然存在这样那样的问题，然而一件事情若等到准备好了再去做，机会很可能也就失去了。对于鸡产业链上的企业，只要你认为这个方向对，只要你具备这个资源，就可以大胆地去做，在试错中勇猛前行。

为了促进"互联网＋养鸡业"切实落地，政府层面要多搭台，企业层面要勇参与。只有多方协力，才能把事办好。

（1）政府层面多搭台　加大资源倾斜力度，促进互联网进村入户，鼓励经营主体、职业农民树立互联网思维，营造"互联网＋养鸡业"的大氛围和大环境。研究制定推动"互联网＋养鸡业"的系列扶持政策，例如进行信息消费补贴、物联网设备纳入农机补贴、建立大数据标准规范等。加大政府购买服务、政府与企业合作的力度。

（2）企业层面勇参与　在互联网与养鸡业深度融合的过程中，会涌现出各种创新的商业模式和商业机会，企业需要根据自身的实际情况，找到适合自己的"互联网＋"，结合自身优势打赢"卖货""聚粉""建平台"的互联网化三大战役。

2.新瓶装新酒

"互联网＋养鸡业"没有成功经验，但在其他行业有，比如钢铁、汽车等，所以有宝贵的后发优势，快速试错就有机会走到终点。"龙头企业＋社会资本＋第三方专业团队"，是比较好的架构。对于龙

头企业来说，"互联网+"本质上是利益再分配，如何应对原利益格局下群体的不作为、软抵抗，是需要认真思考的重要问题。果断另起炉灶，新瓶装新酒，才不会在"整合"上陷入误区，贻误战机。

3.没有结束的结束语

我们正处在一个新旧更替的时代，这时候，勇气比质疑更加可贵。对农牧企业而言，对现有的商业模式提出质疑，有勇气去布局新的玩法，是一件很了不起的事。对于养鸡产业链上的企业而言，早布局比晚布局要好，打劫别人比被打劫要好。努力进入平台型企业，成为其生态圈的一个节点，也是大多数企业更有意义的选择。今后几年，互联网将会颠覆传统的养鸡业，一个企业如果不能互联网化，将会丧失很大的竞争优势。

蛋鸡业看起来离互联网很遥远，但"互联网+养鸡业"的潜力却是巨大的。如果我们愿意用全新的角度去做它，把养鸡企业的食品属性做出来，把养鸡企业的可靠性做出来，把养鸡企业的时尚感做出来，把养鸡企业和消费者的沟通做出来，机会一定是我们的！

湖南邵阳洞口养鸡业电商营销

洞口县2个大型鸡场都处在竹市镇范围，洞口县士山农业发展有限公司，发展山地放养生态鸡，年产生态鸡20万羽以上。运用互联网技术，年销售100万元生态鸡农产品，占产值的7.6%。洞口县竹市家禽有限公司，常年存笼种鸡2.5万羽，销售鸡苗250万~300

万羽的种鸡场,运用互联网技术,网上销售30万羽鸡苗,占10%以上。两家养鸡场获得邵阳市农业产业化办公室"电子商务先锋"称号。

2012年,洞口县士山农业发展有限公司着手应用互联网技术,首先创建公司网站。经营:生态放养鸡、生态蛋、绿壳蛋。品种:雪峰乌骨鸡、贵妃鸡、七彩山鸡。规模:年出笼12万羽,并提供30万羽中成鸡,2万羽种鸡,产蛋200万枚,定时发布公司和产品的微博信息,并发布生态鸡放养现场视频和影像资料,让人觉得如到现场。

该企业参与互联网营销主要有三个方法,首先是在淘宝网、惠农网开店。其次加入各种销售和农业企业微信群86个,利用微信群发布信息,发动微信群网友购物、代购。最后请了4个编外职员,洞口县城3人,长沙1人,维护淘宝网、惠农网公司店,以及微信群。网上开店营销和微信群营销这两种方式,前者销售额占41.2%,后者占58.8%。公司产品远销乌鲁木齐、北京、上海、南京、武汉、广州等大城市。

互联网思维就是用户体验至上、快捷扁平的聚合效应,让推广能更精准传达给目标人群,如顾客在千里之外就能品尝山地放养鸡的美味。"互联网+"意味着给消费者更多的便利和更优良的服务。"互联网+"的来临为中小微企业打开了一条营销创新之路。

本章小结

本章通过对养鸡业的电子商务的分析,了解了我国养鸡业的发展历程。在企业的层面,要积极创新商业模式,转变商业发展思路,结合自身的实际情况,形成产业互联网,大力发展电子商务平台。在当下经济快速发展的浪潮中,养鸡业的电子商务发展过程虽然会面临众多的挑战，但是其前景还是远大的，因为在互联网时代下，电子经济越来越成为推动经济发展的强力模式，其自身所具备的时效快、成本低、覆盖面广等特点非常适应当下快节奏的发展，因此农村养鸡业与电子商务进行深度融合，能够将养鸡业的经济效益充分发挥出来，产生良好的反应，刺激农村养鸡业的活力。

第六章

养猪业电子商务

　　改革开放 40 多年来，我国畜牧业连续经历了多年的长期稳定发展，使其产值已占到农村经济的 30％以上。视角缩放到养猪业，其现状是：我国养猪业的发展很快，整体存栏量大，但生产水平却始终不见提高，甚至还有所降低。为什么会出现这种现象？人们普遍认为是疾病频发的结果，但基础工作不到位，环境、管理差距大，信息化程度低，智能养猪还不够深入才是造成生产水平低下的根本原因。从长远看，养猪的高利润时代已经过去，养猪成本下降的空间很有限，将来养猪业拼的就是提高生产水平。我国养猪产业最新的变化是什么，其产业链如何构建，猪肉产品质量与可追溯系统有什么关系，生猪电子交易市场应该如何构建，真正的科学养猪、智能养猪又将如何开展，猪肉电子商务又当如何去做？本章将理论和具体实际案例相结合，为您逐一解答这些问题。

养猪业电子商务

养猪业概述

生猪电子交易市场的构建

"互联网＋"智慧养猪平台的构建

猪肉电子商务

第一节 养猪业概述

生猪是对未宰杀的除种猪以外的家猪的统称。生猪除以鲜肉供食用外，还适于加工成火腿、腌肉、香肠和肉松等制品，猪皮、猪鬃和猪肠衣可作工业原料；猪血和猪骨可分别制成血粉和骨粉作饲料用，猪的内脏和腺体可以提制多种医疗药品。

一、我国养猪产业现状

我国养猪历史悠久，目前正逐步向质量型、无公害化方向发展，目标是绿色有机猪肉产品。

自改革开放后，我国畜牧业得到了迅速发展，其中养猪业表现尤为突出。据农业部统计数据显示，2015 年，我国畜牧业总产值超过 2.9 万亿元，其中生猪养殖总产值达 1.2 万亿元，占比超过 40%，养猪业已然成为我国畜牧业的支柱产业。图 6-1 显示了我国近十年生猪出栏量，同样反映出我国养猪行业体量之大。其中 2010~2018 年，我国生猪出栏量保持在 6.6 亿头以上，基本上平均每人每年消耗半头猪（约 40 千克猪肉）。受猪瘟疫情影响，2018 年全年生猪出栏量达 6.94 亿头，比 2017 年下降 1.2%。2019 年上半年生猪出栏量 3.13 亿头，同比下降 6.2%。加上 2019 年末暴发的"新冠"疫情，未来 1~2 年，预计养猪产业的生猪出栏数量和市场上的猪肉供给数量小幅波动还将持续。

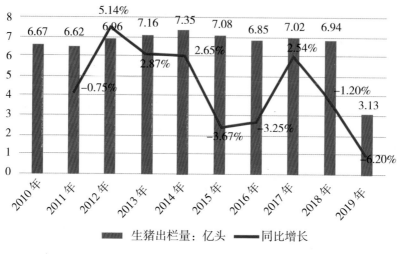

图6-1　2010~2019年我国生猪出栏增长趋势

二、生猪养殖模式和生猪产业链

从生猪行业养殖模式来看，我国生猪养殖的传统模式主要包括三种：专业育肥户、专业母猪养殖户和自繁自养户（表6-1）。因养殖会产生较多环境问题，所以近年来出现了养殖新模式——生态养殖。

表6-1　我国生猪养殖模式

我国生猪养殖模式	特点（或优点）
专业育肥户	固定投入相对较少，成本较低，同时市场风险小
专业母猪养殖户	投入相对较少，回款较快
自繁自养户	该模式包括小、中、大规模养殖。我国小规模自繁自养户数量庞大，普遍存在，是中坚力量。中大型自繁自养需要雄厚的资金实力，同时需要占用大量土地，产生大量粪尿污水，对环境造成的压力较大。大规模养殖则需要雇用较多劳动力，综合成本较高

生猪养殖处于饲料养殖产业链的一环。饲料养殖产业链上游是饲料，饲料企业从油厂或经销商购买豆粕、玉米等搅拌成饲料，为养殖提供必要的食物原料。生猪养殖相关企业处于产业链的中游，具体包括育种企业和养殖企业，养殖企业又细分为自繁自养、外购

仔猪养殖、二次育肥。育肥猪达到标准体重后出栏，进入下游加工流通环节，具体细分为屠宰厂屠宰，肉制品加工和肉罐头加工，并流入超市、菜市场、餐饮行业等分销场所，最终到达消费者终端，图6-2为生猪养殖行业产业链。

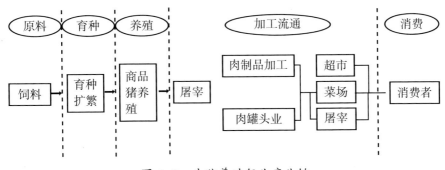

图 6-2　生猪养殖行业产业链

三、近年来我国养猪产业新变化

2010年以前，我国的养猪产业表现为以传统庭院式散养为主，加中小规模养猪场。表现为准入门槛低，环保压力大，缺乏统一统筹以及科学合理的规划；从业人员素质参差不齐，缺乏必要的专业知识，只凭经验养猪，猪病频发，对病死的猪处理不当，养猪成本日益高企，生产水平却难以提高；猪场的基础设施、环境卫生不达标，过度使用疫苗与化学药物，引起生猪抗病能力弱，猪肉肉质不高。

近年来，国家出台了一系列政策扶持和进一步规范规模化养殖业，养猪产业发生了可喜的变化，主要表现为：

1.规模化进程加快

近年来，养猪规模越来越大，出现了为数不少的上万头母猪的猪场，特别是养猪成功的企业都扩大了规模，不少饲料企业、食品加工企业也延伸产业链，投入养猪业。行业外资金投入增加，给养猪业注入了资本，在推进养猪业规模化进程中起到了推波助澜的作用。不少养殖集团向北发展，使原本落后的东北、西北等地也出现了不少的大规模猪场，大的养殖集团也越来越多。

2. 养猪的现代化水平不断提高

近几年新发展起来的猪场，现代化水平越来越高，特别是随着人员工资的提高，廉价用工时代一去不复返。不少有先见之明的从业人员开始向机械化方向发展，自动给料、机械清粪，包括自动化环境控制系统等都开始出现，最先进的已出现全封闭、全空调的猪舍，采用了养猪智能化控制系统。如此等等，都加快了养猪的现代化进程。

3. 散养户、小规模猪场逐步退出市场

随着养猪成本的提高，疫病压力的加大，环保要求严格，市场风险增大，抗风险能力差的散养户、小型猪场退出市场是必然现象，但需要漫长的过程。近十年来，散养户大幅度减少。在经济发达地区已消失，小型猪场也在减少。未来，随着大规模养猪场的迅速发展，小规模猪场退出也会加快。

4. 执法力度加大

首先是环保执法力度的加大。对于新建猪场，环境有一票否决权。对于已建成猪场，环保执法力度也在加大。随着生活水平的提高，人们对环保的认识越来越高，对食品安全的意识增强，使邻近村屯、污染严重的小猪场难以生存。这对改善生活环境，减少疫情都有好处。其次是防疫执法力度加大。国家对买卖病死猪的执法力度加大，严厉打击非法买卖病死猪。

四、猪肉产品质量与可追溯系统的关系

猪肉产品的质量安全是指严格按照国家所有相关法规标准生产的猪肉产品，对养猪关键环节饲料营养、饲养管理、兽药防疫、屠宰加工环节、储存和流通等各个环节进行有效的监管控制，使猪肉的安全卫生指标符合国家或国际质量标准。目前影响猪肉产品质量安全的主要因素有品种、疫病、饲料、监管和生猪生产模式等。一是现有猪品种质量不高，存在抗病性和风味的问题。二是一些养殖户滥用兽药及药物添加剂，造成猪肉类产品中兽药残留超标。三是疫病问题复杂，我国猪老病不断新病又出现。四是我国猪肉食品安全监管制度的不健全和质量管理机制的不完善。综合监管手段的缺乏，以及疫情控制的压力等诸多因素，已造成大量无法预期的经济损失。五是猪肉加工环节的技术整体比较落后，具体体现在饲料和兽药生产技术、饲养方式、猪肉加工工艺、设备和生产流程等方面。

国际标准化组织和国际食品法典委员会将可追溯性定义为通过登记的识别码，对商品或行为的历史和使用或位置予以追踪的能力。其具体表现在：首先，商品在一定时间和空间范围内采用定性和定量方式跟踪；其次，商品在流通环节中应实施的信息追踪，包括将信息流与实物流系统地联系起来。动物产品可追溯的内容包括原材料的产地信息、产品的加工、产品流通、终端用户，甚至动物生产链的整个过程。在实际生活中，保障食品质量安全的有效工具之一是可追溯系统，它是食品供应体系中食品构成和流向的信息与文件记录系统，它为广大消费者提供了所消费食品更详尽完整的信息。这一系统是利用现代化条码技术或射频识别等信息管理技术给每样产品标志信息、存储相关的管理记录，如果在市场上发现危害消费者安全健康的食品，就可根据标记进行追溯与跟踪，快速地撤出或召回。目前，食品供应链的可追溯机制被很多国家政府和消费者强烈要求建立，而且很多国家已经开始制定相关的法律法规，将可追溯纳入食品物流体系中。

如今在经济全球化背景下，要提高我国猪肉产品在国际国内市场上的竞争力，猪肉产品的质量管理都要与国际标准看齐，同时加强国内猪肉产品生产过程全程的质量跟踪与追溯，才能确保猪肉产品优质安全。因而构建完善的猪肉标准化生产可追溯系统，对于提高我国猪肉的质量安全，加强生产过程的监管，增强消费者对猪肉产品的安全消费信心和信任，树立公司品牌，同时促进养猪业可持续健康发展，有着重要的现实意义。

五、猪肉可追溯系统的构建和初步应用

猪肉产品溯源系统是基于无线射频识别技术由 RFID 标签、读写器、天线、服务器和信息终端构成，通过 PDA 自动扫描，并依托GPRS、ADSL 或 WIFI 等网络通信技术、系统集成及数据库应用等技术实现互联。系统主要由养猪场信息终端、屠宰场信息终端、销售信息终端、消费者查询终端、行政监控层终端、网络管理终端和服务器组成。如图 6-3 所示。

猪肉产品溯源系统包括各子系统、溯源系统核心技术和溯源系统中软件体系结构。各子系统构建包括养殖环节、运输环节、屠宰环节、销售环节和终端查询环节。猪肉产品溯源系统的核心技术包括养殖环节个体标志技术，屠宰环节的编码与标志和猪肉在超市销售阶段的标志。其中养殖环节主要记录猪的个体信息、饲养信息、防疫信息、饲养环境信息和养猪场信息。运输环节记录运输人员的姓名、车牌号、电话、运输头数等信息。屠宰环节记录将耳标信息转化为胴体信息，包括养猪场代码、批号、包装日期、屠宰加工厂代码和原产国（地）等主要信息。销售环节主要是以上信息的不断传递和继承，用胴体标签打开溯源电子秤，才能销售。终端查询环节是用溯源小票上的溯源码进行查询，监管机构也能通过客户端实时反馈相关信息。这种从养猪场的基本信息到屠宰上市连续不断的信息的传递和反馈，同时行政部门参与监管，才是真正做到了全程的追溯与跟踪。

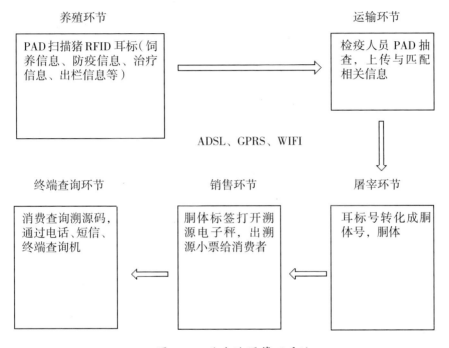

图 6-3　猪肉溯源管理系统

我国是一个畜牧产品的生产、流通、消费大国。互联网等各种网络技术的发展，二维码等物联网信息技术的普及为肉类、兽药可追溯提供了便利，现在养殖场通过移动终端等工具记录生猪养殖过程的各类数据，消费者通过扫描二维码就可以知道生猪养殖的各个环节。原农业部曾发布的第 2210 号公告要求在 2016 年 6 月 30 日将实现所有兽药产品附二维码出厂、上市销售等信息，已经实现了兽药生产、经营和使用全过程追溯管理，由此，饲料生产、流通和使用也将加快实施二维码追溯。目前兽药、饲料、生猪三大信息库整合，生猪养殖生产过程将更加透明,迫使生猪养殖场不断规范生产流程,同时,也加快了市场优胜劣汰的节奏,生猪产业发展将更加规范化。

第二节　生猪电子交易市场的构建

一、生猪电子交易市场构建的基础和条件

生猪是关系我国国计民生的大宗商品。从目前情况来看,我国生猪流通体制存在诸多问题,生猪生产与流通企业一直以来因无法正确预测价格变化承受了巨大的经济损失。生猪消费以家庭消费为主要特征,由市场供求关系引起的经常性的大幅价格波动,给农户、经营者和消费者带来意想不到的损失。价格风险和激烈市场竞争的挑战,促使生猪产业必须尽快改善原有生产和流通体制,建立有效的价格发现和风险规避机制。

电子交易方式是一种依托现代信息技术和网络技术,集金融电子化、管理信息化、商贸信息网络化为一体,旨在实现物流、资金流与信息流和谐统一的新型贸易方式。它突破了传统的时空观念,缩小了生产、流通、分配、消费之间的距离,大大提高了物流、资金流和信息流的有效传输和处理效率,为生产者、销售者和消费者提供了能更好地满足各自需求的新平台。生猪类产品的特点与其他商品有所不同,它们需要喂养和清洗,而且其防疫和治疗费用也是一笔较大开支,直到现在,随着食品储藏技术的发展和卫生防疫设施的改善,才使生猪商品进行电子交易成为可能。

二、建立生猪电子交易市场的可行性

生猪现货生产面临的主要瓶颈是产品质量问题和标准问题，这直接影响到我国生猪类产品在市场上的竞争力。虽然我国生猪生产的总体规模很大，但生产者结构不合理，散养户仍然偏多，标准化生产还需要进一步扩大规模。同时由于生猪产业缺乏有效的风险分散和规避机制，多数生猪产业链的参与者面临很大的经营风险。这样一来，生猪生产者的总体效益偏低，因而没有足够的财力充实和完善标准化的生产体系。我国沿海地区生猪生产已初步形成规模化和标准化的局面，而中西部地区虽然总产量占全国的比重很高，但养殖主体过于分散，生产水平落后，盈利能力较差，这大大制约了生猪产业的发展。

结合农产品期货品种普遍具备的现货特征，研究者认为，发展我国生猪电子交易市场恰逢其时。首先生猪产业链已经形成；其次受季节、区域、疫情等因素影响，生猪出栏数量的变化导致猪肉的价格时常会出现波动，当一些区域猪肉价格急剧上涨时，政府会抛出储备肉以平衡市场需求，另外老百姓也会选择替代品强的鸡、鸭、鱼、牛、羊肉等补充，因而发展猪肉电子交易市场，对参与者而言可以规避风险，具备投资价值。成功的大宗电子交易品种应该还具有其他的一些现货特征，如有足够的现货规模，具有成为标准化商品的同质性，在国际贸易中有一定的比较优势，现货市场接近垄断竞争的市场结构等；当有充足的现货供给量与需求量时，商品就不会形成价格垄断，大量的市场参与者有助于为电子交易提供大量的套期保值者；此外，充足的现货规模有助于提供连续而有效的供给和需求力量，从而便于交割和套利的实现。生猪产品现货生产的现状和特点决定了生猪电子交易在生猪产业未来发展过程中将起到关键性的作用。

我国生猪现货生产具有价格周期性波动、产业链纵向参与体多元化和产品需求价格弹性高的特点。而生猪生产的周期性是生猪现货市场自身无法克服的缺陷，使生猪生产陷入了"蛛网定理"所描述的怪圈之中，即生猪价格升高—扩大生产—供给增加—价格下跌—缩小生产—供给减少—价格上升，如此反复循环，造成价格、生产、市场供求的周期性波动，给生猪生产者带来巨大的经济损失。一旦有了生猪电子交易市场，产品需求的价格弹性高这一特性反而能够有效地促使更多的生产商、加工商和销售商参与到生猪交易市场中，生猪产品的质量和标准化问题也会逐渐解决。有了市场避险机制，提供生猪产品的厂商可以更加灵活地安排生产，消费者也免去了猪肉价格偏高时选择其他替代品的麻烦。

三、生猪电子交易系统的结构和功能设计

核心的生猪电子交易系统设计包括以下 10 个子系统：交易子系统（及交易客户端）、交收子系统、结算子系统、交易管理子系统、交易监控子系统、财务管理子系统、行情分析子系统、统计查询子系统、系统管理子系统、网站管理及信息发布子系统。

其中，交易子系统（及交易客户端）、交收子系统、结算子系统实现了各种电子交易模式、各种货物交收方式、货款支付方式的核心运营流程；交易管理子系统使电子交易中心能够对交易中心基础配置、交易主体、交易标的、交易权限、交易特殊待遇等进行管理，为系统正常运转提供坚实的基础；交易监控子系统使电子交易中心可以全面监督系统的当前交易状态，进行监控查询、监控预警和强制操作；财务管理子系统按照财务上科目凭证的概念对各种资金流

进行管理；行情分析子系统可以对各交易商品合同的价格进行监控、对行情走势进行分析；统计查询子系统为电子交易中心在指定阶段的运营提供查询手段和汇总结果；系统管理子系统设定、查询系统相关的各种信息（如账号、菜单、系统配置等），并可提供整个交易平台的集中管理、检测、告警、数据备份；网站管理及信息发布子系统可以帮助电子交易中心建立门户网站，并提供电脑以外的其他信息查询、操作设备的接口。如图 6-4 所示。

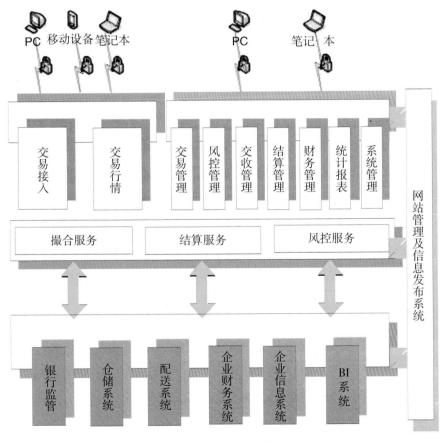

图 6-4　生猪电子交易系统

除以上 10 个子系统外，电子交易系统还应内含丰富的系统接口，其中包括与银行等金融部门的接口、与交易大厅大屏幕的接口、与仓储物流系统的接口、第三方行情数据接口、第三方数字认证接口、与企业管理信息系统（如ERP、CRM）的接口等。

电子交易市场可以根据发展需要选择电子交易系统的交易模式分步运营实施，在发展中不断扩展。除以上列举的交易模式外，还可以在统一平台上针对电子交易市场的特定需求进行个性化设计开发，提供可供选择的交易模式，并适时推出其他创新交易模式，并可根据电子交易市场的实际需求进行不断调整。构建生猪电子交易市场是一项系统工程，既要有当地交易所的努力、监管部门的支持，更要有广大生猪生产、流通企业的积极配合。只有在充分调查研究的基础上，科学合理地设计生猪电子交易合约，制定相应风险控制措施，才能使生猪期货产品顺利地存活、发展和活跃起来。

我国部分区域生猪产销总体规模很大，但从结构上看，参与主体规模化、标准化程度不高，生猪生产者类型中散养者仍占绝大多数比例。在相当长的一段时期内，这种小规模和分散式的生产模式还会继续存在。虽然沿海一些城市如福建、广东等省的生猪生产已基本告别散养格局，但从全国范围看，一些生猪养殖大省在短期内不会明显改变目前的生产方式。这样的现货生产特点决定了生猪期货参与主体的特殊性。比例很高的散养生产者大多是农村的广大农民，他们的文化水平相对较低，因此不大可能直接参与期货交易，这样就要求采取其他方式间接地将他们纳入生猪期货市场。生猪电子交易市场的参与主体应当定位在有一定规模的生猪生产和销售企业上，通过他们与广大散养户之间的协作间接地将养猪农户纳入到交易市场中。培育生猪电子交易市场参与主体要以积极推广"公司＋农户"的生产协作模式为前提，要以培育生猪龙头企业的风险控制意识和技能为落脚点。在培育市场参与主体中，市场应当考虑建立与生猪产销龙头企业的长期合作关系，为其提供风险控制等多方面的支持。同时生猪养殖大省的农业和畜牧业管理机构应当积极推广"公司＋农户"的生产模式，向农户宣传标准化养殖的意义，为其提供技能培训。生猪产销龙头企业可以尝试与农户签订合作协议，为农户提供相对低成本、标准化的饲料和养殖技术，到期按照协议价格收购活猪，与农户共同分担市场风险、分享市场利润。通过这种形式，龙头企业的货源得到了保证，生产标准化程度也会提高，有了现货的基础，其参与市场的条件也会成熟起来。

第三节　"互联网＋"智慧养猪平台的构建

　　针对我国养猪业存在的问题和弊端，可通过移动互联网、物联网、云计算、大数据、人工智能等技术手段与传统养猪业深度融合，来创建智慧养猪产业大数据平台。"互联网＋"养猪服务平台是融合物联网、智能设备、大数据、人工智能等新技术新产品开发的猪场智能养殖管理平台，可为猪场工作和管理人员提供生猪智能养殖管理、财务分析、生产管理、行情监测、猪病诊断、养猪知识学习等一系列服务，是养猪的平台化、智能化、远程化、情景化、数据化、互动化探索。具体可提供包括利用物联网、云计算、大数据等技术实现猪场自动化设备与生猪生产环境互联互通的生猪智能管理系统；帮助企业优化工作流程、提升工作效率的猪场智能管理系统；面向全国的养殖户、经销商、兽医、技术员等提供猪病远程诊断服务的猪病通；为用户提供全国生猪、饲料价格，玉米和豆粕等大宗原料价格等信息行情，以及为从业人员提供学习交流机会的养猪学堂。

一、"互联网 +"养猪管理

"互联网 +"养猪管理是猪场的智能管理系统，通过平台上规模化猪场的自动化设备（环控、饲喂等），实现猪场自动化设备与生猪生产环境的互联互通，可以实时监控生产状况和设备运行状态，根据智能逻辑设置和环境变化让设备自动、智能运行，同时，为每头猪建立档案，记录每头猪从出生或购买到售卖的整个过程，并构建生产预警模型，对个体猪养殖关键节点进行提示，并且对异常状况进行及时报警。

1. 智能监控

猪舍智能环境监控系统以物联网、互联网技术为基础，通过温湿度传感器、二氧化碳传感器等智能传感设备在线监测猪舍环境信息，包括舍内温度、湿度、二氧化碳和氨气等环境指标，实现数据的自动化录入和分析，实时监测环境异常情况并自动报警，可通过智能无线控制设备预先设置的智能曲线自动调控猪舍的生长环境条件，必要时施加人工干预，通过监控中心或者手机、Web 访问来控制一系列智能终端设备（降温、加湿、抽风、地暖等），实现现代化猪舍的信息检测和标准化生产监控。管理人员通过平台还可以随时随地访问、监测猪舍内环境数据，并进行远程控制，以实现猪的健康生长、繁殖，从而提高母猪的生产率，提供优质的猪肉、猪毛等产品，进而提高经济效益。

2. 养殖管理

"互联网 +"养猪管理平台利用射频识别电子身份证在系统中建立生猪档案，并可通过电子耳标、无线 B 超、智能背膘、电子笔、自动饲喂系统、猪场饮水系统、语音识别系统等物联网设备的使用，详细记录每头猪的出生、转舍、配种、分娩、免疫、销售、出栏重、猪只单日饲料消耗量、饮水量等各种生产数据，对生产事件进行提示和预警，并对生产指标进行实时分析，生成标准化、专业化、图形化、可视化的毛利分析、成本分析、生产力分析等生产报表，平台用户可通过手机获取整个猪舍的实际情况，帮助猪场管理人员明晰猪场的生产状况，合理安排生产，促使猪场轻松实现规范化管理和精细化生产。此外，通过平台的游戏化操作界面可完成对猪的转舍、配种、死淘等；通过猪舍安装的视频监控系统，平台可以自动统计猪头数，用户不进猪舍即可掌握养殖详情。

3. 任务流程管理

基于时间驱动和条件驱动的任务管理，结合生猪饲养、屠宰加工、物流配送、实体销售等环节，提供标准化生产流程管理，实现工作任务的自动创建、分配、跟踪与管理。实现了生猪饲养高度规模化、集约化，提高产量和质量。饲养精细化管理，智能调控猪舍环境，使整体资源消耗显著降低。为管理者提供一个全局平台，对生产活动进行动态的调配，使人力资源应用最大化，通过执行力分析系统实现绩效考核，实现现代化农业的人力资源优化管理。

4. 全程溯源管理

基于智能化养殖监控系统、标准化生产管理系统，通过将射频设别、条形码、二维码作为猪肉的身份标志贯穿于原料采购、养殖生产、屠宰加工、运输、销售的整个过程，实现对完整供应链的全程监控，再通过系统自动与产品关键指标库中的数据进行对比，将结果作为产品溯源档案与生产者的行业资质认证结合，最终形成该批次猪肉的唯一溯源档案，消费者能够通过二维码扫描获取平台中产品的溯源档案，最终实现从养殖到餐桌的全程溯源体系管理。

5.智能语音管理

采用人工智能语音，告别传统的信息查询方式，用户与系统通过语音交互，满足用户的信息查询需求。系统实时监测现场信息，智能预警播报。

6.猪 ID 识别

基于深度神经网络等人工智能技术，通过猪体形、外貌、纹理、面部特征等细节的识别，抽象每一头猪的特征，精准定位每一头猪的品种。同时，可以对猪个体进行身份识别核验，为猪标志唯一的ID，从而实现每头猪的实时跟踪。

7.猪状态监测

通过照片、视频等影像资料，识别猪当前的养殖状态。结合专业的养殖理论，自动判断猪的健康状况，如成长周期、体长、体重等状态指标。

二、"互联网 +"猪场管理

"互联网 +"猪场管理是为生猪养殖企业提供集办公自动化管理系统、人力资源系统、财务管理系统、供应链管理系统（包括生产管理、仓储管理、采购管理、销售管理、客户管理等）为一体的大数据管理平台。生猪养殖企业可通过平台连接产业上下游，连接管理、交易、金融，连接设备和应用系统，在云平台上汇集个人、企业、行业数据，企业管理人员可查询实时的销售、采购和库存数据，帮助企业及时做好对账工作，加快销售收款进度，延长采购付款时间，合理筹划，轻松理财等，有效提升企业数据管理水平及生产效率，变外部产业链为内部生态链，促进企业生态圈的形成，用大数据经营企业。

三、"互联网 +"猪病预防及诊疗

目前，"互联网 +"猪病预防及诊疗主要包括猪病远程自动诊断、兽医在线问答、猪病预警及检测平台等系统。

1. 猪病远程自动诊断系统

利用大数据分析和建模技术，采集并建立全国数据量最大的猪病病症库及猪病图谱库，为用户提供 7×24 小时的猪病自动诊断服务。

2. 兽医在线问答系统

聚集全国执业和草根兽医，通过 PC 端和移动端为用户提供猪病问答服务。每一位兽医在系统中拥有个人主页，可以发布课程和文章、回答问题、关注用户等，经营自己的粉丝圈和提升知名度；用户可以自由提问，也可以直接向某位专家提问，必要时可直接预约专家上门服务。

3. 猪病预警系统

根据猪病通的猪病访问数据、用户行为数据，以及猪联网采集生猪养殖过程中饲喂、生长、用药、免疫、环境和视频等数据，建立全国生猪疫情预警系统。同时，根据数据分析、预测疾病的流行趋势、发病规律，甚至得出决定疾病流行的潜在因素，并及时给出相应的防控措施。

4. 检测平台系统

整合了国内优秀的畜禽疾病检测站、免疫实验室等资源，为猪场经营者提供疾病检测服务。猪场经营者通过检测平台系统不仅可以获悉猪病患检测结果，还可以获得平台针对该疾病出具的日常管理注意事项、疾病应对措施等报告。

四、"互联网 +"养猪业行情及知识普及

畜牧业行情为养殖户及猪产业链相关主体提供生猪及大宗原材料价格跟踪和行情分析，其价格数据主要来自猪联网猪场出栏价和生猪交易市场生猪成交价。用户可以随时随地了解全国各个地区生猪价格、猪粮比、大宗原材料价格、行情资讯、每日猪评等信息，合理安排采购、生产和销售计划，极大地减轻了生产与交易的盲目性。

该系统还需要通过期刊、文库、视频、音频等多种形式，提供猪场建设、繁殖管理、饲养管理、猪病防治等多方面专业知识，为猪场经营者提供自我充电平台，帮助其提高经营、管理、养殖技术水平。

第四节　猪肉电子商务

一、猪业电商概况

生猪电商主要围绕养猪产业链的上游，是面向生猪产业链中生产资料生产企业、农资经销商、猪场、猪贸易商、屠宰场、加工厂等各个生产经营主体提供的电商交易平台，包括诸如农信商城和国家级生猪交易市场两部分。养殖户可从农信商城等平台购买饲料、兽药、疫苗等投入品，而国家级生猪交易市场可帮助平台用户买卖猪。而猪肉电子商务主要面向消费端，由肉食加工厂、猪肉经销商、B 端消费者和 C 端消费者等构成。从肉菜可追溯体系启动至今，可追溯体系建设为猪肉电商奠定了基础。从 2013 年畜牧业"发展农产品网上交易、连锁分销和农民网店"，到 2014 年"启动农村流通设

施和农产品批发市场信息化提升工程，加强农产品电子商务平台建设"，再到 2015 年"支持电商、物流、商贸、金融等企业参与涉农电子商务平台建设，开展电子商务进农村综合示范"，作为农业信息化的一部分，猪肉电商融入畜牧业电商得到了迅速发展。

近几年，国家不断出台政策助力广大农村脱贫攻坚，农业电商发展迅猛。2018 年，各类畜牧业及猪业企业先后进入网络经济，开始探索直播电商新模式。

二、猪肉电商模式应用

1.麦田计划网模式

麦田计划网由基地直采、采购中心、麦田物流、县域商贸中心、麦田农讯所组成。2016 年麦田计划 APP 上线，是一款农产品交易软件，有需求的买家可以在这里采购批发需要的农产品，买家可以开设店铺，售卖自己的农产品，随时查看订单，和买家进行沟通等。

2.众筹猪肉模式

"众筹猪肉"C2B 模式，最早兴起在遂昌，后来发展到武汉、厦门等，以网站或者微信公众号为媒介，选择猪肉的不同部位，"众筹"一头整猪。企业得到订单后，再开始养殖，几个月后，屠宰、冷冻好的鲜猪肉就能快递上门。其间，消费者还可以随时视频察看到猪的饲养和成长情况。

3.在已有平台上开旗舰店模式

2015 年，在传统农牧业步履维艰时，基于互联网的农牧业电子商务发展迅猛。近年来，一些企业开始由 C2C 平台转向 B2C 平台，如新希望公司已经和京东达成深度战略合作，共建农牧业电商综合服务平台。

4.肉类产品可追溯体系建设模式

2014年年底，广东省中山市正式启动肉类蔬菜流通追溯体系建设工作，这是全国第四批肉类蔬菜流通追溯体系建设试点城市。2014年达华智能中标成为中山市肉菜追溯体系建设运营主体单位，打造智能家庭产业生态、智慧城市等生态体系，运用公司业务覆盖物联网、金融支付、系统集成、通信等强大实施，助力推动中山市肉菜溯源项目的运营与建设。达华智能作为肉类追溯体系的主体供应商，公司帮助中山肉菜流通追溯体系完成了首次试点工作，并于2016年年底在中山市全面建成肉菜流通追溯体系。中山市是全国首个采用IOS模式的城市，即政府与企业共同投资，以创新的模式开展运营、创新应用服务，推动肉菜流通追溯体系的可持续发展。

5.畜牧企业与网站合作模式

2015年3月，北京泽牧久远生物科技研究院与国内浏览量最大的畜牧业网络媒体——中国养殖网达成战略合作。同时北京泽牧久远独家冠名支持"首届(2015)中国农牧电商文化节"，双方联袂，重磅打造农牧电商的最强模式。

6.短视频、直播电商带货模式

2020年国内龙头猪企温氏食品集团已和多家第三方在线购物平台合作，也在尝试直播带货等新的销售方式。下一步公司将利用多种渠道，加大品牌建设力度。圣农食品在投资者互动平台上表示，公司已开发出多种适合家庭便捷的美食，并通过微信、抖音、今日头条等新兴媒体进行品牌宣传升级，有效地将产品输出到终端渠道。同年，金字火腿、壹号土猪等知名企业都开启了在抖音的首场直播，不过总体上来看，这种直播带货网上销售所占比例并不大，重要的是利用新媒体来推动品牌和产品，适应市场环境变化。

三、当前猪肉电商存在的问题及解决对策

"畜牧企业发展电子商务"喊了好多年，也有不少企业在运作，但绝大部分持观望态度。一般而言，企业组建一个网络部，招聘5~6人，设计几个产品，就在网上开始推广，业绩好坏无关紧要，权当公司在培育一个新的利润点。很多企业的传统销售观念没有完全转变，抱着试水的态度，不行就回头。另外畜牧业运营电商不仅需要对畜牧业、兽药行业了解，还要对互联网等网络技术熟悉，这样的复合型人才很少。即便企业观念做了转变，开始以互联网思维来考虑电商化，但做成什么样、如何做、由谁来做这些具体的问题是令众多尝试电商的畜牧企业、兽药企业更头疼的问题。再者，目前城市物流体系的供给已经相当完善，但处于相对偏远的农村养殖场物流成本居高不下，时间成本也偏高，畜牧企业、兽药企业经不起采购金额较小的购买，需要有一定批量的购买用户群体来支撑，否则，很难分摊由此产生的物流配送的成本。

目前国务院、农业农村部、商务部、工信部等政府部门十分重视农产品电商、农村电商、农业电商的发展，阿里系、京东系、苏宁云商、邮政、电信、金融等部门十分重视涉农电商，畜牧业及猪业电商发展迎来新的发展机遇。应认真探讨畜牧业及猪业电商发展，探讨多种模式，如在成熟平台上开网店，自建平台，自建与开放平台相结合，探索网络零售模式，更要探索多种形式的B2B发展模式，还要探索"B2B+B2C"等模式，并且将网上交易与网下的物流配送、电子支付紧密联系起来。联合畜牧业电商与饲料电商、加工企业电商、畜牧兽医电商、农资电商等相互融合发展、联动发展，甚至可以探讨同一平台上的多种模式交易集成创新、多种品种交易的模式集成

创新。总结"卖料、卖肉、卖服务"的经验和存在的问题。

猪业电子商务不仅仅是平台交易，而且包括线下物流配送、电子支付，线下的基地、农户、加工企业、批发市场、零售店之间的冷链物流体系、绿色生态链建设，形成以平台为中心的产业链，或者供应链，真正为实体经济服务。

任何企业都不可能再单打独斗，这是互联网时代畜牧企业转型的核心。很多项目需要联合起来，不光要进行线上线下的整合，实现畜牧企业O2O发展路径，还要跟上移动互联网发展趋势，不断探索猪肉产品电子商务新模式。

壹号土猪转战生鲜电商

目前，生猪行业的品牌大多为地域品牌，全国性的知名品牌较少，而高端的猪肉品牌更寥寥无几。壹号土猪隶属广东壹号食品股份有限公司，自2007年壹号土猪上市以来，逐渐从珠三角布局全国，从地域品牌逐渐发展为全国性知名品牌，具有较强的竞争力。

壹号食品公司十分注重市场开发与品牌建设。①市场细分、市场定位及品牌定位差异化。通过对市场的分析、了解顾客的需求，壹号土猪确定目标顾客是高端顾客，专做高端猪肉品牌。②整合营销。壹号土猪综合多种方式来进行宣传。比如采用不同的媒介进行广告宣传、做公益活动、赞助电视节目、参加评选比赛等。③关系营销。壹号土猪通过建立消费积分制、打折卡、赠送产品、教授顾客烹饪知识等活动让利顾客，增强顾客的忠诚度。④连锁经营。通过连锁店经营能够掌控分销渠道、与顾客直接交流，并通过店铺和员工形象塑造企业形象，增强顾客安全感。⑤产学研结合。壹号土猪不仅成立了自己的研究院，还与五邑大学进行产学研合作，致力于用科技推动发展，于2010年开始创办屠夫学校，培养了更多专业人才。

当前，消费者购物习惯发生变化，网上购买生鲜食品也成为一种趋势，因此生鲜电商有广阔的市场。壹号食品公司把握住"互联网＋"的机遇，积极发展线上业务，于2016年开始转战电商，成立了天猫旗舰店，并且将B2C转变为F2C，打造了将生鲜直接从农场送到消费者的销售模式。2018年壹号土猪主动加入电商队伍，与盒马鲜生、京东、天猫等企业合作，积极拓展线上业务，开展新零售的经营模式。

壹号土猪转战电商的优势集中体现在：第一，品牌在国内已经有了一定的知名度，并积累了良好的口碑。壹号土猪的产品都是自产自销，有完整的产业链，产品质量有保证，能够赢得顾客的信赖。第二，壹号土猪经过生产经营积累了充足的资金，并且公司资金筹集渠道广，因此有能力拓展电商领域。第三，公司将产学研相结合，能够保证产品的优化和开发。第四，员工接受系统培训，学历相对于同类企业较高，人力资源比较有优势。第五，管理层管理能力强，眼光独到，并决心开展电商。第六，壹号土猪实行产销一体化，网络销售能够实现F2C，省去了中间环节的层层费用，因此利润空间大。

壹号土猪开展电商存在以下几方面的劣势。第一，运送生鲜对物流要求高，而且自行建立冷链物流成本较高，因此壹号土猪主要依靠天猫、京东的冷链物流进行配送，这导致了成本的大幅提高。加之生鲜产品保鲜期短，损耗率高，这也压缩了利润空间。第二，电商对于壹号土猪来说是新的领域，管理者没有实战经验。第三，由于物流等因素导致的产品损坏会降低消费者满意度，对品牌声誉造成一定影响。

壹号上猪开展电商可能会遇到以下几方面的机会。第一，农产品的冷链物流的发展条件和环境在不断变化，冷链物流企业呈标准化、规模化、网络化趋势发展，国家对冷链也给予充足的政策、资金和技术上的帮助。因此冷链物流的问题在未来能够得到解决，成本、物流时间、产品新鲜度都会得到保证。第二，由于很多企业在生鲜电商的运营上投了大量的资金和精力，虽然至今没有太多企业能够获利，但都在大力探索生鲜电商的经营模式，新零售便是一个新的模式。第三，对仓储进行妥善管理是减少物资损耗的一大关键，通过对仓储实施系统化和数字化管控，便能够有效减少损耗。目前生鲜电商行业正在不断改善仓储模式，引进新的技术。第四，转战电商能够充分利用互联网获取产品供需情况、消费者偏好等数据，对产品改进、调整生产供给等提供数据支撑。

壹号土猪发展电商主要会遇到以下阻力。第一，生鲜电商的客户群较难定位。电商的目标客户群一般是爱网购的群体，而年轻群体一般偏好网购，但其中仅有少数人负责买菜做饭，购买生鲜食品的还是以中老年人为主，但中老年人网购生鲜的习惯还有待培养，而想要年轻人成为网购生鲜的主力军则可能还需等待。第二，电商巨头都想在生鲜这最后一片蓝海找出盈利点，天猫、京东、盒马鲜生等都投入了巨大的人、财、物，竞争十分激烈。此外，生鲜电商往往是平台和企业合作的形式，因此，壹号土猪的竞争对手不仅是其他同类企业，还包括联合合作的伙伴与相应群体的竞争，且涉及产品、物流、仓储等多方面的竞争。第三，线上电商存在明显且难以弥补的短板，即无法让消费者真实、直接地感受及了解商品或服务，购物体验无法比得上线下。而且消费者越来越重视生鲜食品的安全健康问题，电商销售可能无法给消费者带来足够的安全感。

总体而言，由于生猪是人们的刚需，市场空间较大，且壹号土猪纵向形成了产供销一体，横向扩展了产品链，而且赢得了较好的口碑，使得利润空间较大，因此壹号土猪应巩固好线下市场。另外，壹号土猪开展电商目前虽有一定的风险，但前景较好。生鲜电商还处于初步发展阶段，各方面的技术和模式都还不成熟，目前真正获利的企业不多。但由于其市场广阔，所以电商巨头都愿意参与进来，并投入大量资金进行探索合适的经营模式。

养猪业电子商务能更加快速地实现交互式信息交流，使产业链上下游直接进行信息沟通；而且能减少中间环节的销售渠道，同时降低下游企业和终端消费者的采购成本，促进上游企业合理安排生产和资源配置，提升养猪业生产经营水平。本章先对我国生猪产业的现状进行总结，并对养猪业电子商务进行了系统性分析，旨在使读者对现代化养猪、猪肉可溯源系统、生猪电子交易市场、智能养猪新模式、猪肉电子商务有更深入的理解，从而更好地从事相关产业活动，进一步促进我国养猪产业的发展。

第七章

牛羊养殖业电子商务

　　传统畜牧业（养殖业）的发展思路和措施无法适应经济发展的需要，是畜牧业产业化经营兴起和发展的原因。电子商务时代畜牧业产业化经营兴起和发展的目标就是要一方面建立起活跃有效的竞争机制，把农业经济搞活；另一方面充分利用规模经济，降低畜产品成本，以提高畜牧业生产者的竞争地位以及整个畜牧业的市场绩效。在畜牧业产业化经营实践中，尤其是在牛羊养殖的产业化经营中，要借鉴国外牛羊业产业化经营的经验，逐步完善牛羊产业化经营的各种措施，提高产业整体的经济效益，加快我国畜牧业产业化经营进程。

知识
架构

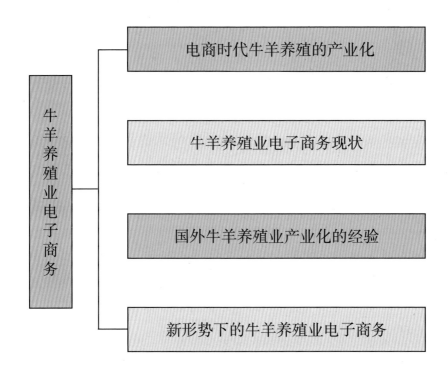

牛羊养殖业电子商务

- 电商时代牛羊养殖的产业化
- 牛羊养殖业电子商务现状
- 国外牛羊养殖业产业化的经验
- 新形势下的牛羊养殖业电子商务

第一节　电商时代牛羊养殖的产业化

一、牛羊养殖产业化的原因

20世纪80年代初,我国普遍推行了家庭联产承包责任制,生产关系适应了生产力发展的要求,农业生产力迅速得到恢复和提高。进入80年代中期,随着农村改革的深入和商品经济的进一步发展,农业和农村经济发展进程中的一些新矛盾、新问题日益显现出来。特别是我国社会主义市场经济的确立,农业市场化的要求与现行经济体制之间存在着种种不相适应的矛盾和问题。表现在畜牧业上主要有:一是分散的养殖户小生产与大市场之间的矛盾;二是养殖户经营规模小与实现畜牧业现代化的矛盾;三是畜牧养殖业利益低的问题日益明显,农牧民收入增长缓慢,城乡居民收入差距重新扩大;四是农村剩余劳动力转移与就业门路狭小之间的矛盾;五是畜牧业产业分割、部门分割,严重阻碍了畜牧业的进一步发展。

21世纪,电子商务风起云涌,渗透到各个行业。传统畜牧业的发展思路和措施无法适应网络经济发展的需要,解决上述问题是畜牧业产业化经营兴起和发展的原因。畜牧业产业化经营兴起和发展的目标就是要一方面建立起活跃有效的竞争机制,把农业经济搞活;另一方面充分利用规模经济,降低畜产品成本,生产标准化畜牧业产品,以提高畜牧业生产者的竞争地位以及整个畜牧业的市场绩效。这样,畜牧业产业化经营作为我国向市场经济过渡时期的一种新思路、新举措就具有其客观必然性了。

二、牛羊畜牧业产业化的概念、内涵与特征

1. 牛羊畜牧业产业化的概念

牛羊畜牧产业化是畜牧产业一体化的简称。所谓畜牧产业一体化是指畜牧业经济在生产过程的诸环节，即产前、产中、产后。

2. 牛羊畜牧业产业化的基本内涵

牛羊畜牧业产业化经营由市场、组织载体、龙头企业、利益机制、主导产业等因素构成。其基本内涵是以市场为导向，以经济效益为中心，以骨干企业为龙头，以千家万户为基础，以合作制等中介组织为纽带，对一个区的牛羊畜牧主导产业实行饲料养殖加工、产供销、牧工商、牧科教紧密结合的一条龙生产经营体制。牛羊畜牧产业化的核心是形成牛羊畜产品生产与经营一体化的体系。共同利益是实现一体化的基础，也是发展一体化的根本动力。所以，一体化中各参与主体是否结成经济利益共同体，是衡量某种经营是否实现了产业化的基本条件。

3. 牛羊畜牧业产业化经营的基本特征

牛羊畜牧业产业化经营尽管有多种模式，各地发展程度也参差不齐，但都具有以下基本特征：

（1）生产专业化、布局区域化　牛羊产业化经营是在一定区域内合理布局，形成专业化的商品批量生产，有利于获得规模效益和提高整个产业链的效率。

（2）经营一体化　牛羊畜牧业产业化经营的关键是将相关环节有机连接，形成"龙"形产业链，实行"牧工商一体化、产供销一体化"综合经营，使外部经济内部化，从而减少交易过程的不确定性，降低交易费用，提高牛羊畜牧业的纵向规模和组织效益。

（3）产品市场化　牛羊畜牧业产业化是以市场为导向发展牛羊畜牧业生产、加工和销售的，要求畜产品有较高的商品率。牛羊畜牧业生产提供的原料、初级产品、最终产品都作为商品投入市场，商品率达90%以上，这是产业化经营与非产业化的自给半自给性生产的一大区别。

（4）管理企业化　牛羊产业化经营主体通过一定的组织模式，对系统的营运、成本和效益实行企业化管理。尤其"龙头"企业应按照现代企业模式实行公司制度，以法人身份出现，使牛羊畜牧业产业化经营按现代企业的模式来运作。

（5）服务社会化　通过一体化组织，农户不必"万事不求人"，相反，可以利用"龙头"企业资金、技术和管理优势，又可以利用有关科研机构，对其提供产前、产中和产后的信息、技术、经营、管理等方面的服务，促进各种要素直接、紧密、有效的结合。

在牛羊畜牧业产业化经营实践中，尤其是在肉牛羊业产业化经营的具体实践中，我们要以这些理论为指导，确立肉牛羊业生产系统内产加销、牧工商、牧科教及城乡、工农业一体化观念。尊重农户意愿，在正确分析肉牛羊业发展优势与制约因素的基础上，逐步完善促进产业化经营的各种措施，提高产业整体的经济效益，加快我国畜牧业产业化经营进程。

第二节　牛羊养殖业电子商务现状

农产品电子商务由信息流、资金流与物流、安全和电子支付等几方面的要素组成，且要有一定的发展条件。

我国西北地区是牛羊肉产品的主要生产地和消费地，现以内蒙古、宁夏、新疆为例说明我国牛羊养殖业的电子商务发展状况：

一、内蒙古农产品电子商务的发展

1.内蒙古农产品电子商务的发展现状

为了发展电子商务以推动内蒙古自治区的经济发展，内蒙古自治区人民政府印发了全区关于电子商务发展的"十五"规划，制定了在大力推进全区农牧业信息化的基础上，使电子商务成为推动全区经济发展新增长点的目标。经过几年的努力，内蒙古农牧业信息网站的建设、维护与管理能力都进一步加强，报送农牧业信息的数量和质量也明显改观。

内蒙古自治区已建成区级的农业数据中心和粮食数据中心两大网络平台，在全区的各盟市及其大部分旗县构建了农业局域网络系统，在全区的多个旗县建设了农牧业信息平台，并在全区的多个乡镇建设了农牧业综合化信息网络服务点。初步建成了内蒙古农牧业信息网，已形成旗县、盟市、自治区三级的农牧业网络平台系统体系；全区的农牧业网络平台系统正在逐步完善，对农牧业相关政务的公开内容进行了信息更新，并链接在农牧业信息网，加强了全区农业相关信息的资源整合与共享。

2.内蒙古农牧业信息化现状

农产品电子商务是指利用互联网、多媒体、计算机等现代先进的信息技术，在农产品的生产加工及销售配送过程中全面导入电子商务系统，并在线完成农产品的购买、销售以及电子支付等商务活动的过程。农产品电子商务以销售网络平台为主要载体，涉及政府部门、涉农企业、消费者、农民以及认证中心、物流配送中心、金融机构、监管机构等各方面，并通过互联网将这些要素全部联系在一起，其中，信息技术是连接各要素的纽带，扮演着最重要的基础性角色。农业信息化是加快现代化农业建设、繁荣农村经济发展、增加农民收入的迫切需求，是使信息技术渗透到农户生产、经营、消费和学习等各个环节，进而提高农民生产效率效益和生活水平的过程。信息技术在农业领域的应用已进入发展阶段，且在农业的应用研究与推广中也取得了一定的成效。

目前，内蒙古农牧业信息网的建设已取得了一定进展，栏目及内容已不断调整和优化，进一步增强了网站面向农牧民的服务能力。根据内蒙古农牧业厅的要求，增设了一项"在线访谈"栏目，将农牧民非常关注和关心的农牧业相关的热点和难点等问题以在线问答的形式在网络平台上及时发布，并帮助农牧民加深理解的程度；农牧民通过在线咨询栏目提出问题时，利用电话咨询农牧业厅的各有关单位，对所问问题进行有效答复；还增设了一项"项目管理"栏目，以便于全自治区的农牧业信息系统在申报各种农业项目时进行参考；又增设一项"农事指导"栏目，针对全区不同地区的农牧业生产进度适时对当地农户进行农事指导。

3. 内蒙古农产品标准化的建设现状

农产品标准化是指运用"统一、协调、简化、优选"的原则，通过制定农业生产经营相关标准和实施标准，使农产品产前、产中和产后的生产全过程纳入标准化生产和标准化管理的轨道，以打造优质的农产品供应消费市场迎合大众的需求。农产品标准化控制了农产品生产的全过程，要求在生产、加工、销售各个环节都要严格执行各项标准，从而使农产品的使用价值得以提升并吸引消费者。在现实的市场销售或采购中，买方和卖方只有对产品的质量、特性有直接的认识和把握以后才进行交易，因此，农产品进行标准化质量分级才能在农产品网上销售。所以从这一层面上说，没有标准化农产品电子商务就不会实现规模化，发展内蒙古农产品标准化体系是其实现企业化和规模化发展的必经之路。但是，内蒙古农产品标准化体系建设虽然取得了一定成绩，但尚处于初级阶段。

二、宁夏农产品电子商务发展现状

宁夏是全国十大牧业区之一，在农业农村部发布的《优势农产品区域布局规划》中，宁夏羊肉被列为全国重点发展的种优势农产品之一。宁夏滩羊体格结实、耐粗饲，其肉色泽鲜红、肉质细嫩多汁、脂肪分布均匀、味道鲜美、无膻味，深受消费者喜爱并已经销往北京、上海等城市。宁夏现已经形成清真牛羊肉生产优势产业化格局。其一，已经建成盐池—同心—灵武滩羊保护开发基地，由于在宁夏盐池—灵武—同心—海原这一线草场面积大、植被丰富，最适宜滩羊养殖。另外盐池还是国家级滩羊选育场。其二，引黄灌溉区肉羊肉牛杂交改良区，固原细毛羊基地。其三，六盘山阴湿半阴湿地区建立六盘山肉牛饲养生产基地。并且还形成银川纳家户、灵武涝河桥、平罗宝丰、西吉单家集等在西北颇有影响的清真牛羊肉批发市场。

1. 宁夏特色农产品电子商务的发展模式

（1）政府引导农产品信息发布模式　政府引导农产品信息发布模式是指通过政府涉农网站，由政府带头，主动整合本地区的农产品生产基地、农产品流通企业以及收集农产品最新供求状态和价格走势为涉农企业提供信息服务，降低信息的不对称性，有效地促进农产品流通。这种模式主要实现功能包括农产品网上需求信息发布、涉农企业的产品推广信息、农产品经销企业及农产品经纪人的交易信息发布、农产品价格信息等。这种模式主要实现形式是信息传播，从一定程度上降低了企业的信息搜寻成本和交易成本。

（2）农产品 B2B 模式　农产品 B2B 模式是目前宁夏农产品电子商务的一个主要模式，如宁夏宁汇农副产品交易中心。涉农企业可以借助平台进行信息供求发布、查询以及企业产品推广，有效地解决了企业与企业之间信息不对称的问题。例如，B2B 对有效采购信息进行汇总，然后集中订货，以获取较大折扣，降低库存成本。农产品 B2B 模式是当今宁夏地区发展较快的商务模式，在电子商务交易额中占据很大的比例。

（3）农产品 B2C 模式　农产品 B2C 模式是利用网络使消费者直接参与经济活动的高级形式，这种形式等同于电子化的零售。从技术角度看，企业面对广大的消费者，并不要求双方使用同一标准的单据传输，在线零售和支付行为通常只涉及银行卡、电子货币或电子钱包。另外，互联网所提供的搜索浏览功能和多媒体界面，使消费者更容易查找满足自己需求的产品，并能够对产品有更深入的了解。

（4）农产品第三方电子商务模式　农产品第三方电子商务模式是指个体（农户）和涉农企业依赖第三方提供的电子商务平台开展农业经济活动。这种模式最大的优势在于资源整合，降低交易成本。加入第三方电子商务平台，可有效降低独立搭建电子商务平台的成本和进入电子商务的门槛，尤其是对于中小涉农企业具有明显的优势，因此这种模式在宁夏也具备普遍性。

2. 宁夏特色农产品第三方电商平台发展现状

（1）淘宝特色中国宁夏馆　2014 年 6 月 18 日，淘宝特色中国宁夏馆宣布正式开馆，仅在第一天，宁夏馆的累积浏览量已经达到 340 万人次。申请入馆的产品有 2 000 多款，达标通过的产品有

1 300多款，包括中宁枸杞、盐池滩羊肉、贺兰山东麓葡萄酒、宁夏金米、甘甜八宝茶等。宁夏也将借助淘宝网的品牌效应和阿里巴巴集团的电商、教育和物流等资源优势，加快发展宁夏特色农产品电子商务，培养涉农电商人才，通过电子商务搭建新的"网上丝绸之路"。

（2）顺丰优选宁夏馆　从目前电商行业的发展来看，地方政府大多选择了与生鲜电商合作的方式将本地产品信息化。近年来，以顺丰优选为代表的生鲜电商发展迅速。2015年1月6日，宁夏回族自治区农业农村厅与顺丰公司达成战略合作协定，这种方式共同构建起地方农产品流通和推广的新型发展模式。为进一步加快宁夏涉农电子商务的快速发展和普及，让电子商务在农业生产经营中发挥更大的作用，以便将更多的宁夏特色农产品推广至全国，自治区政府最新出台了关于加快产业转型升级和促进现代农业发展的若干意见，意见中提出今后自治区要加大力度发展农产品物流配送和电子商务等新型流通方式，发展农产品网上交易平台，拓宽宁夏特色农产品的销售渠道，建设宁夏特色农产品电子商务的物流平台，为加快宁夏特色农产品电子商务的发展而努力。

三、新疆农产品电子商务发展现状

从目前农产品电商进展现状来看，新疆农产品电商的交易对象主要是干果、鲜果，以及以冷水鱼为代表的渔产品，以牛羊肉、牛奶、酸奶为代表的畜产品，以及以棉胎、棉被为代表的家居用品。

随着新疆冷链物流体系的不断完善，新疆牛羊肉、牛奶酸奶等畜牧产品在电商路上迎来了春天。新疆是天然的有机牧场，牛羊遍野，经过长期的发展形成了柯坪羊、塔城巴什拜羊、罗布羊、巴音布鲁克羊等具有独特地域特色的羊种，其肉质鲜美，是我国羊肉主要供给地之一。与此同时新疆也形成了具有影响力的麦趣尔、天润、西域春、盖瑞、新农、南达、绿成、三宇等一系列本地乳制品品牌。其中酸奶得益于其独特的风味，具有防暑解暑、解酒、助消化等多种养生功效，如今成为电商平台上的畅销品。随着电子商务在畜牧产品方面的应用普及，未来新疆牛羊肉、乳制品将与全国、全世界市场接轨。

第三节　国外牛羊养殖业产业化的经验

由于畜牧业产业化在中国尚属起步阶段，因此参照国外畜牧业产业化模式，借鉴国外畜牧业产业化尤其是肉羊业产业化的经验，对于加快我国畜牧业由传统生产向现代化生产转变，促进肉羊业的快速稳定发展，具有积极的借鉴意义。

一、国外畜牧业产业化的共同特征

畜牧产业化经营最早产生于 20 世纪 50 年代的美国，然后迅速传入西欧、日本、加拿大等地区，历经近半个多世纪的发展和深化运动，西方发达地区形成了现代畜牧业经营的一体化结构，实现了畜牧业生产、经营和服务方式的转变。

1. 国外畜牧业产业化的产生以商品经济为基础

西方国家建立市场经济体制已有 200 多年的历史，就畜牧业来说，基本实现了区域布局专业化、生产单位专业化和工艺专业化。畜牧业中的微观经济单位基本上实现了规模化经营。专业化和集约化是发达国家畜牧产业化经营的主要特征。欧美发达国家畜牧专业化程度很高，畜牧生产由分散"小而全""大而全"逐步转变为专门生产某种畜产品，其他生产项目或者降为次要地位，或者处于附属的地位。另外，国外有比较发达的服务体系、中介机构、销售渠道和资金融通渠道。从市场范围来看，不仅有国内大市场，还有广阔的国际市场。

2.以国家的适当干预、调控与扶持，形成良好政策环境为保证

纵观各国畜牧产业化经营的实践，政府都制定了切实可行的畜牧产业化政策措施，创造了多方面的条件，引导和支持畜牧产业化发展。西方国家大量补贴养殖业，鼓励一体化经营。政府对于为养殖业提供低息贷款的金融机构给予补贴，对加入一体化经营的农场实行较低的税率，此外，还补贴畜牧产品价格，免费提供畜牧业基础设施。

3.以高新科技进入畜牧业领域并广泛应用为前提

科技的发展把专业化的农场带入机械化和自动化发展阶段。农场的经营管理也按工业部门的现代化管理原则进行，工商企业把一体化组织中的农场及其他所有部门，都用自己的技术装备来武装，实现了工业对养殖业和种植业的改造。同时还协调饲料加工业、养殖业、食品加工业的生产、交换和分配。

4.以大量的工业资本寻求新的投资热点为契机

人们的固有观念认为畜牧业投资回收期长、产出率低、风险大。但如果从产业化经营的全过程来看，畜牧业还是获利较高的产业。因此，国外大型企业把投资农牧业作为获取高额利润的重要途径。

二、国外肉羊业产业化的个案分析

美国加利福尼亚州肉羊业生产的专业化、规模化经营与管理水

平较高, 养羊场 (户) 的 80% 是具有一定规模的生产者。按生产规模的大小可以分为大、中、小三种类型养殖场 (户), 按生产产品的目的可分为商品羊生产牧场、羔羊短期育肥和饲养牧场、良种羊选育和生产牧场三种类型。大型的商品羊生产牧场是加州肉羊业生产的骨干。加州肉羊生产的专业性很强, 生产牧场通常把肉羊养殖作为生产和经营的主业, 很少兼业从事和经营其他牲畜的饲养项目。商品羊生产牧场以生产商品羔羊和羊毛为主, 生产的羔羊和羊毛出售给羔羊育肥场和羊毛公司; 良种羊选育和生产牧场以生产和选育种羊为主, 生产的种羊出售给商品羊生产者。加州的肉羊生产十分重视良种的选育和提高, 在美国有 45 个不同类型的羊品种, 经过养羊界长期坚持品种培育和遗传改良, 形成了目前常用的萨福克、陶赛特、汉普夏等九种肉用羊品种。加州罗斯莱斯牧场拥有全美萨福克、罕布什尔的"冠军"种公羊, 基础母羊以纯种为主, 种公羊每年更换一次。汉明顿牧场育成的肉羊新品种肉的生产性能比原有品种提高了 20%。

从羊产品的加工和销售情况来看, 加州的羊肉加工业高度专业化、企业化, 从羊的收购、屠宰、去皮、分割到加工实现了一体化生产。

作为中介与桥梁的美国绵羊业协会（ASI）成立于 1989 年 1 月, 它是由全国羊毛生产者协会、美国绵羊生产者中心合并组建而成的, 下设 4 个部和 3 个不同种羊的专业委员会。该协会的主要职责包括为生产者提供产销信息、价格与经营情况; 掌握世界养羊业动态与供求动态; 参与政府对养羊业发展的方针和政策的制定, 向政府反映养羊生产者的意见和要求; 宣传推广政府的各项优惠政策和科研院校取得的新成果、新技术等。协会的经费来源有两个方面: 一是会员会费, 会员按养殖数量一次性交纳会费; 二是美国进口羊毛的关税的一部分，按政府的政策规定划拨协会掌握使用。

美国加州的肉羊产业化模式以优良的牧草和优良的种羊为基础，以加工企业及其分公司为龙头，以科学的饲养管理和经营管理为保证，以与产、加、销相适应的规模经营、资产股份制为手段（合理调整生产、经营加工、流通等各环节），以养羊协会为中介纽带……形成了政府制定和执行政策，协会组织生产、提供服务，生产者和加工企业面向市场的格局。这种模式适应了美国市场经济的要求，实现了肉羊产业全过程的利润平均化，分散了风险，在带动当地农牧业经济发展、提高农牧民收入方面有很大成效。

三、国外经验的启示

畜牧业产业化的产生和发展是建立在一定的经济发展水平基础之上的。它的经营模式取决于其经营内容、生产结构、参与主体的分成、管理技术的发展、专业程度和规模大小，其实质是从传统畜牧业走向现代畜牧业。可得到如下启示：

第一，产业化经营一环扣一环，它的持续发展依赖于最终畜产品价值的实现。如果最终产品价值得不到实现，生产、加工等环节也会受阻。根据牛羊产品自身的特点，进一步加强生产和流通部门的仓储、冷库、运输、信息等基础设施建设；建立牛羊等畜产品批发市场，使之成为沟通养殖户与企业的桥梁；要组建信息灵、渠道广、网络广的营销实体，使之成为解决羊产品最终价值实现的有效载体；此外还要适应信息化、网络化的趋势，加快发展电子商务，推行网上交易。

第二，在畜牧产业化经营中扮演主要角色的是各环节参与的经营主体，政府仅仅是通过政策和法律为产业化经营创造一个良好的外部条件。具体的可以在牛羊交易频繁的地方建立批发市场，制定严格的卫生管理办法；设立基因库，保护羊品种资源；加强草场的维护与管理，杜绝过度放牧；为羊的跨区域、跨国界贸易创造有利的条件等。

第三，畜牧产业化经营要取得好的效果，必须立足充分利用当地畜牧资源，调整畜牧业内部结构，紧紧抓住效益这个中心，壮大龙头企业，带动更多农户，根据实际情况，坚持规模经营与传统散养结合，引导、鼓励农户向适度规模经营转化。

第四，发展畜牧业产业化经营，要加大畜牧科技投入，促进高新技术、先进设备的应用，培育和发展畜牧科技型产业化组织，转变畜牧经济的增长方式。

第四节　新形势下的牛羊养殖业电子商务

一、新冠肺炎疫情期间电子商务发挥的作用

在新冠肺炎疫情期间，电子商务平台因自身的优势，成为支援前线和保证百姓物资的重要力量。阿里巴巴集团拿出10亿元及大量平台资源赴援疫区，启动了专项基金用于采购海内外医疗物资，第一时间发出100辆货车通过3个绿色通道送到武汉，在淘宝和天猫持续上架口罩、消毒液、体温计、防护服等民用物资。武汉封城时，人们依旧可以通过电商平台下单购买生活必需品。

在新冠肺炎疫情暴发的初期，出现了民众恐慌囤货的现象，造成了蔬菜、水果短暂的不足，在国内一些地区甚至发生了"天价菜"这样的事件。反观农村，因为封路封城，很多农民当季的农产品卖

不出去，像海南的"桥头"地瓜、三亚的"贵妃"芒，丹东的"99"草莓，农民只能看着地里的农作物因为封路等原因滞销，直至坏掉。为了走出这一困境，在各级政府的指挥下，通过电子商务平台，打造了一条农民农产品与市民餐桌的通道。阿里巴巴集团设立10亿元爱心助农基金，帮助农民解决采购、包装、物流、销售等面临的实际困难，设立"吃货爱心助农"栏目，加大了推广力度，与菜鸟驿站合作设立专线物流，保障农产品生鲜产品能够快速地到达消费者的手中。

新冠肺炎疫情持续时间长、波及范围广，给中国及全球社会经济平稳运行带来巨大冲击。世界卫生组织把这次疫情认定为国际关注的国际公共卫生紧急事件，此前5次国际公共卫生紧急事件都对疫情国的国民经济产生了重大影响。为抗击疫情，我国31个省、自治区、直辖市相继启动重大突发公共卫生事件一级响应，实施交通管制并严格限制人员流动，有效阻断了病毒传播途径，客观上也造成了物资短缺、生产中断、流通受限等问题。牛羊产业是中国的弱势产业，长期受产业基础薄弱、资源约束趋紧、创新能力不强等问题制约。近年来，牛羊产业在维系边疆稳定、促进牧民增收、实施精准扶贫等领域发挥了重要作用。2020年中央1号文件提出，支持牛羊生产，引导优化肉类消费结构。牛羊产业涉及饲料端至消费端的长产业链环节，且具有主产与主销区域分离、生产周期偏长、生产主体脆弱等特征，生产、消费、贸易均易受疫情影响。

二、新冠肺炎疫情对中国牛羊产业的短期影响

短期来看，新冠肺炎疫情防控措施会冲击牛羊全产业链所有环节，交通管制导致区域性饲草料短缺、加工企业延期开工滞缓牛羊

周转、饲草料涨价抬高生产成本、限制人口流动妨碍配种及春防等技术工作，此外，疫情还造成消费低迷、进口增加、出口减少。对不同养殖场比较分析发现，专业育肥、"自繁自养＋专业育肥"模式受疫情影响相对明显,且受疫情影响程度与养殖规模存在正相关。

（一）生产

１．正常生产运行受阻，生产成本增加

一是交通管制导致区域性饲草料短缺，63.5％的养殖场反映购买饲料困难，精饲料、豆粕短缺最为严重。

二是屠宰加工企业开工率不足，且产能压缩致使养殖场销售遇阻、被迫压栏，补栏积极性降低，59.6％的养殖场面临销售难题，54.1％的养殖场难以及时补栏。

三是限制人口流动妨碍了配种及春防等技术工作，34.7％的养殖场反映母牛配种受到影响，24.5％的养殖场反映技术服务难以及时跟进，44.9％的养殖场存在疫苗、药品短缺。

四是饲草料涨价抬高了生产成本，60.1％的养殖场反映饲草料价格上涨导致生产成本明显增加，31.3％的肉羊养殖场认为肉羊平均养殖成本上升10％以内，37.5％的肉羊养殖场认为肉羊平均养殖成本上升11％～20％。对宁夏盐池县肉牛养殖场饲料成本调研发现，受疫情影响，精饲料价格上涨3.7％～3.8％，饲草价格上涨6.6％～8.0％。

２.自繁自养模式受疫情影响较小，中大规模养殖场受疫情影响明显

（１）养殖模式影响受冲击环节，自繁自养模式受疫情影响较小　所调研的养殖场中，"自繁自养＋专业育肥"模式占58.4％，自繁自养模式占29.8％，专业育肥模式占8.4％，其他占3.4％。自

繁自养模式中，饲料不好买、牛羊不好销的养殖场达到一半以上，但在牛羊补栏、母畜配种方面受疫情影响程度较弱；专业育肥模式中，疫情对养殖户牛羊补栏造成严重冲击，有86.6%的养殖场反映难以及时补栏；"自繁自养＋专业育肥"模式相对复杂，受两种模式风险的交织作用影响，饲料不好买、牛羊不好销、难以及时补栏等问题较为突出。总体来看，物资运不进来、牛羊运不出去是不同养殖模式养殖场面临的共性问题，自繁自养模式相比其他模式受疫情影响较小，表现出一定的生产稳定性。

（2）养殖模式影响饲料获取方式和安全水平　工厂停工、物流受阻、乡村封路背景下，饲料荒成为一个普遍问题，但"自繁自养＋专业育肥"模式下饲料不好买的问题明显较其他两种模式严重。对不同养殖模式下饲料来源分析发现，"自繁自养＋专业育肥"模式养殖场倾向于自己购买玉米、豆粕等，占68.3%，其余主要是自己购买精饲料和饲料公司配送，对外界饲料供给依赖性强。自繁自养模式养殖场通过饲料公司配送及自己购买玉米、豆粕等获取方式占比较其他模式养殖场明显偏低，且其自产比例显著高于其他模式养殖场，这对抵挡疫情冲击饲料供应发挥了重要作用。

（3）受疫情影响程度与养殖规模存在正相关　规模化养殖是牛羊产业发展的一个重要方向，也是现代畜牧业发展的必然要求，有利于提升管理效率和规模收益水平。疫情对养殖场的影响程度随养殖规模的扩大而增加，肉牛存栏0~50头、肉羊存栏101~500只的养殖场相比其他规模养殖场不受影响的比重高，肉牛存栏1 000头以上、肉羊存栏2 000只以上的养殖场不受影响的占比都为0。随着养殖规模扩大，饲料不好买、牛羊不好销、难以及时补栏的问题更为突出。疫情透露出牛羊养殖的规模陷阱，在养殖利好情况下，养殖场追求养殖规模的扩大，但忽视了饲草料的储备及应急管理能力建设，饲草料仓储能力与规模化水平极度失衡，导致其在饲草料运输中断情况下面临严重的饲料荒问题（表 7-1、图 7-1）。

表 7-1　不同牛羊养殖规模受疫情影响程度

	疫情带来的影响	0~50 头	51~100 头	101~200 头	201~1 000 头	1 000 头以上
肉牛养殖	饲料不好买	65.2%	66.7%	72.2%	73.9%	90.0%
	肉牛不好销	34.8%	62.5%	77.8%	69.6%	70.0%
	难以及时补栏	39.1%	58.3%	61.1%	36.5%	60.0%
	药品购买困难	34.8%	29.2%	44.4%	60.9%	70.0%
	技术服务不及时	17.4%	12.5%	16.7%	39.1%	50.0%
	没有影响	21.7%	8.3%	5.6%	4.3%	0
	疫情带来的影响	0~100 只	101~500 只	501~1 000 只	1 000~2 000 只	2 000 只以上
肉羊养殖	饲料不好买	46.7%	48.0%	83.3%	62.5%	33.3%
	肉牛不好销	26.7%	56.0%	66.7%	87.5%	50.0%
	难以及时补栏	60.0%	56.0%	50.0%	43.8%	83.3%
	药品购买困难	33.3%	40.0%	50.0%	31.3%	16.7%
	技术服务不及时	6.7%	20.0%	25.0%	25.0%	16.7%
	没有影响	26.7%	28.0%	8.3%	6.3%	0

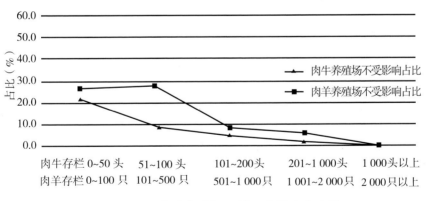

图 7-1　不同牛羊养殖场规模不受影响占比情况

（二）消费

1.牛羊肉消费阶段性下降，外出消费明显减少

疫情对牛羊肉消费影响较大，供给与需求双侧冲击下牛羊肉消

费低迷。一方面，屠宰加工企业停工致使产能下降，牛羊肉供给减少、价格走高，从生产端压低牛羊肉消费需求；另一方面，居民外出减少、商铺关门、餐饮业闭店挤压居民消费机会，尤其是外出消费呈现断崖式下降。调研显示，76.0％的居民疫情期间牛羊肉消费同比往年明显减少，95.0％的居民疫情期间无外出牛羊肉消费经历。疫情对居民牛羊肉消费带来诸多不便，外出困难、超市或商店不营业、价格上涨是造成居民牛羊肉消费减少的主要原因（图7-2）。据对牛羊肉加工销售企业1～2月销售状况调研发现，山东华胜清真肉类有限公司牛肉销售量与2019年同期相比减少80％，福安清真肉类有限公司牛肉销售量与2019年同期相比减少22％。

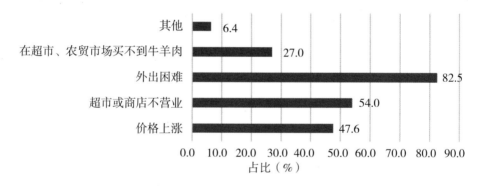

图7-2　疫情期间居民购买牛羊肉存在的困难

2.消费方式发生转变，代购及线上消费活跃

菜市场等场所高人群密度、近接触距离的传统消费方式遭到排斥，代购及线上交易等无接触配送的消费方式受到欢迎。居民购买牛羊肉的方式发生了重大改变，农贸市场（菜市场）、肉食商店、集市3种消费方式遇冷，在居民牛羊肉消费方式占比中分别下降31个百分点、22个百分点、13个百分点。代购及多种电商平台空前活跃，生鲜畜产品线上销量大幅增加（图7-3）。多地出台政策鼓励开展产销对接及发展线上交易，如浙江积极建设"网上农博"

平台。疫情期间，新疆天莱牧业有限责任公司线上销量同比增长80%～90%，山东福安清真肉类有限公司线上销量同比增长18%，华阳清真肉类有限公司线上销量同比增长30%。

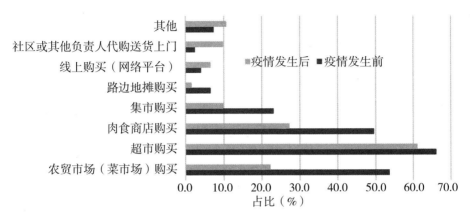

图7-3　疫情发生前后居民牛羊肉消费方式变化情况

3．贸易

由2020年1～2月累计贸易情况看，牛肉进口量同比增长、环比减少，羊肉进口量同比、环比均减少。据海关总署统计，2020年1～2月，中国进口牛肉29.71万吨，同比增长41.5%，出口牛肉1.93吨，同比减少91.2%；进口羊肉6.32万吨，同比减少6.2%，出口羊肉212.64吨，同比减少27.5%。值得注意的是，国内受疫情影响最严重的2月，牛羊肉进出口环比均出现明显下降，牛肉无出口。牛羊肉贸易变化受多方面因素综合影响，一方面，国内产能下降促使对外需求增多、出口减少；另一方面，国内消费疲软、港口及企业停工等，使得2月牛羊肉进口环比明显下降。此外，受肉类消费结构优化、国内供给趋紧、牛羊肉替代需求增加等影响，牛肉进口规模仍明显高于历史同期。从贸易国别来看，1～2月自阿根廷、巴西、澳大利亚、新西兰牛肉进口量同比分别增长39.48%、90.71%、77.04%、11.76%，促使牛肉进口规模明显扩大；自第一大羊肉进口国新西兰羊肉进口量同比减少23.67%，羊肉进口缩减。

4．供求

受养殖场压栏、屠宰加工企业停工影响，牛羊肉供给能力和水平大幅下降。同时，牛羊肉消费低迷，市场需求锐减。供求双降背景下牛羊肉仍维持紧平衡格局，生产端与消费端物流、信息不畅造成主产区与主销区产销脱节，致使主销区需求明显受抑制。由于受春节消费及产能压缩、供给减少等因素影响，1~2月牛羊肉集市均价继续高位上涨，随后小幅回落，但波动不大。

三、疫情对牛羊养殖业的长期影响

长期来看，疫情对牛羊养殖业影响程度可控，随着疫情结束，产业发展逐步转入正轨。预计2020年牛羊肉生产、消费增速均放缓，对外进口基本持平或小幅增加，价格高位运行，且产业加快转型升级，产品形式逐步多元、新兴业态日益活跃。

一方面，疫情对牛羊产业的影响具有间接性，疫情本身未危及牛羊养殖、生产，而是通过防控措施间接影响物资运输、生产周转；另一方面，相比蔬果、禽类等其他类别农产品而言，牛羊生产周期较长，犊牛育肥出栏时间一般在10~15个月，羔羊育肥出栏时间一般在3~5个月，因此疫情对牛羊产业的影响主要体现为成本上升、效益下降，整体受冲击程度有限。

疫情发生后，国家和地方高度关注农产品保供运输，采取"绿色通道""产销对接"等多项措施保障畜禽产品正常生产流通，并积极鼓励相关企业尽快复产复工，在降低疫情负面影响、促进产业转入正轨等方面作用显著（表7-2）。

表 7-2 新冠肺炎疫情发生后关于保障生产资料及畜牧业生产的文件

日期	文件	主要内容
2020 年 1 月 30 日	《关于确保"菜篮子"产品和农业生产资料正常流通秩序的紧急通知》	严格执行"绿色通道"制度;保障"菜篮子"产品和农业生产资料正常流通秩序;加强宣传引导
2020 年 2 月 4 日	《关于维护畜牧业正常产销秩序 保障肉蛋奶市场供应的紧急通知》	不得拦截仔畜雏禽及种畜禽、饲料、畜产品运输车辆;不得关闭屠宰场;不得封村断路;支持企业尽早复工
2020 年 2 月 14 日	《关于切实支持做好新冠肺炎疫情期间农产品稳产保供工作的通知》	减免农业信贷担保相关费用,尽快拨付农业生产救灾资金,加大农产品冷藏保鲜支持力度,中央财政农业生产发展等资金向疫情防控重点地区倾斜,加大地方财政资金统筹力度,加强资金使用绩效管理
2020 年 2 月 15 日	《关于解决当前实际困难 加快养殖业复工复产的紧急通知》	加快饲料企业和畜禽屠宰加工企业复工复产,确保物资和产品运输畅通,千方百计推进当前养殖业解困,促进畜禽水产品产销衔接,把复工复产支持政策落实到企业

1.国内生产及消费增速放缓,对外进口基本持平

2020 年牛羊肉生产与贸易形势复杂,预计生产增速放缓,全年产量小幅增加,对外进口与 2019 年基本持平或有小幅增加。一方面,由疫情造成的养殖环节空当加大,部分养殖场改扩建项目暂停等因素压低牛羊肉产能释放;另一方面,产业扶贫深入推进、粮改饲范围继续扩大、复工复产卓有成效,对产能恢复和增长具有积极作用。

新冠肺炎疫情全球化致使不确定性因素增多、国际贸易受限,在巴西、阿根廷等南美国家疫情持续影响下,各国陆续出台管制及应对措施,由此会阶段性影响疫情发生国对外出口贸易。未来仍主要受全球疫情的控制程度及时间的影响,预计全年进口基本持平或有小幅增加。综合分析,受国内国际供给偏紧态势影响,牛羊肉价格将高位运行,全年产业保持平衡格局。

2.促进产业转型,提升疫情防控能力

当前中国正处于农业供给侧结构性改革和推进农业高质量发展

的关键时期，能否积极有效应对突发公共卫生事件及其他不可控因素带来的挑战，是衡量一个产业发展水平和发展能力的重要评价指标。疫情背后隐藏着促进产业全面转型升级的重要机遇，能否化危机为机会，关乎牛羊产业发展前途。

预计未来，养殖环节将突出抓好饲料储备、防疫监控及风险防控等方面工作；运输环节将由运牛、运羊向运肉转变，冷链物流将迎来新的发展机遇；加工环节将受疫情影响倒逼转型升级，促进产品向多元化方向发展，探索新型、现代、安全的牛羊肉及相关制成品加工技术；销售环节更加注重减少接触、线上交易，网购、直播平台及其他生鲜销售方式快速发展并占据重要市场。

总体来看，这次疫情有利于牛羊业从传统发展模式向科学高效的现代数字发展方向转型，有利于加强动物卫生防疫检测，全方位提升突发风险应对能力。

四、发挥电子商务的作用战胜疫情

疫情给中国牛羊业带来了重大考验，降低疫情负面影响、提升风险应对能力、保障国内牛羊肉供给是牛羊产业发展的重要方向。疫情当前，一定要严格贯彻落实党中央、国务院关于复工复产的决议精神，从技术、资金、产销、管理等多个方面做好保障，统筹协调部门关系，最大限度地保障牛羊产业恢复生产，并提升类似疫情的应对能力。

1.创新牛羊生产技术服务支撑体系

春季是动物疾病高发期，做好春防工作对于牛羊安全稳定生产意义重大。积极探索远程技术服务方式，创新牛羊生产技术服务支撑体系。

一是利用微信等网络社交平台为养殖户提供技术指导和技能培训,通过联络有关高校和科研院所专家学者开展远程技术指导服务。

二是通过"线上收集"模式了解养殖场存在的生产技术难题,并通过"线上指导""线下落实"相结合的方式解决问题。

三是调查摸排母畜配种障碍,打通配种站液氮罐运输流通通道以满足母畜配种需求。

2. 积极拓展产销对接新渠道

一是要联合产业、协会及主管部门尽快建立并完善活畜及牛羊肉市场信息平台,构建区域性和全国性的平台系统,及时解决牛羊出栏难、补栏难的现实困难。

二是组织举办区域间产销对接交易活动,积极发挥和利用好直播平台、电子商务平台在促进农产品销售方面的作用。

三是把大数据、5G技术投入活畜及牛羊肉交易过程,为产销对接提供技术支撑。

澳大利亚以信息技术为平台的肉羊产业化模式

澳大利亚号称"骑在羊背上的国家",其发达的养羊业举世闻名,多年来一直是该国农业发展的命脉。该国地广人稀,草原面积占世界草原面积的近十分之一,常年养羊约1.7亿只,每年出口羊肉3万多吨。在多年的养羊过程中,形成了各种各样的一体化模式,真正地使养羊业成为一个利润率较高的产业。

该模式的主要做法是:科研院所为肉羊业的发展提供完整、系统的服务,服务内容包括良种引繁、品种选育、疾病防治、检疫监测及其保鲜供应、农民培训等方面。各级科研单位在从事肉羊产业化经营研究提高农牧产品产量和品质的科学研究的同时,兴办自己的农场、饲料加工厂和屠宰加工厂,发挥其引擎作用,带动肉羊业的发展。科研院所还可多方筹集经费,如政府拨款、向私人企业收取的出口商品检疫费、养羊基金会的资助、盈利收入等,为肉羊业发展注入活力。新南威尔士农业科研所拥有很大的试验场、现代化的设备和丰富的图书资料。它的科研工作有以下特点:密切结合生产,注意经济效益,促进畜牧业优质、高产、低成本;重视借鉴国外经验;注意本地自然条件,保护生态环境;研究机构是综合性的,相关专业配合较好;科研仪器、设备、材料等由相关部门送货上门,提高了科研人员的工作效率。它在动物疫病的测试诊断,基因工程研究,对农民、公司、团体的培训,进出口检疫等方面都发挥了重要的作用。

这种模式还有另外一个特点就是,产业化链条各环节之间的联系高度信息化,各经营主体通过计算机、电话、传真机等现代化的信息工具进行产品买卖、信息发布与咨询、科研交流等电子商务活动。肉羊生产者还利用自动化控制系统进行日常的生产管理,大大节约了人力、物力成本,提升了当地肉羊业的整体竞争力。

本章小结

在电子商务时代,畜牧业产业化的产生和发展是建立在一定经济发展水平之上的。它的经营模式取决于其经营内容、生产结构、参与主体的分成、管理技术的发展、专业程度和规模大小,其实质就是从传统畜牧业走向现代畜牧业。电子商务时代畜牧业产业化经营的兴起和发展的目标就是要建立起活跃有效的竞争机制，逐步完善牛羊产业化经营的各种措施，提高牛羊养殖产业整体的经济效益，加快我国畜牧业产业化经营进程，加强牛羊产品仓储、运输、加工、营销、保险等业务以及与牛羊养殖业有关的研究，推动牛羊养殖产业化经营的发展，以适应牛羊养殖业电子商务的需要。

第八章

水产养殖电子商务

从全球市场来看，我国是世界水产大国。水产品贸易的发展要求水产企业适应国际信息经济的发展，实现电子化和信息化。这也是缩小并跨越与发达国家国际贸易中的"数字鸿沟"，尽可能多地分享信息革命带来的好处，从而在未来的国际分工和国际贸易中争取有利位置的需要。水产品电子商务与物流息息相关，水产网站建设和水产品物流信息网络建设两个方面反映了中国水产电子商务发展现状。本章首先分析了我国水产养殖电子商务的现状和发展思路，重点介绍了水产养殖电商平台的建设，分析了海上渔市的完善及养殖条件水质的检测等问题。

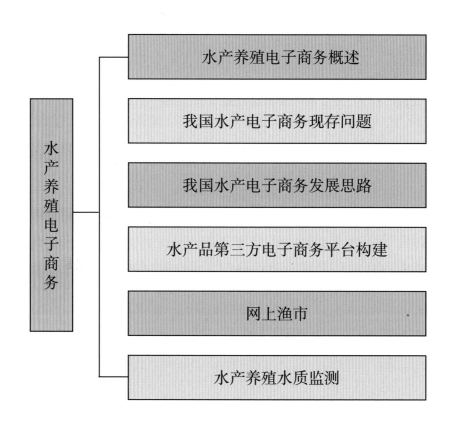

第一节　水产养殖电子商务概述

20世纪90年代以来，随着互联网和信息技术的飞速发展，信息网络已触及各个经济活动空间，越来越多的经济活动与互联网密切相关，网络对经济的巨大影响日益凸显，在此基础上也建立了各种各样新的商业模式。尤其是依赖网络技术而产生的电子商务，颠覆了传统的交易模式，在经济资源的配置、降低成本及改善客户关系等方面表现出巨大的经济贸易潜力，成为推动经济增长的"加速器"。电子商务作为一种新型的运作模式，简言之，包含两个重要因素：一是商务，二是网络化和数字化技术。

在发达国家，国际互联网已经渗透到各个领域，这不仅是一个国家国民素质的表现，更是效率提高、信息现代化的具体表现，利用互联网技术为渔业可持续发展提供有益的信息和决策服务便是这一应用的具体体现。杨宁生（2005）认为，渔业信息化是应用信息技术对渔业科技、生产和流通领域进行提升和改造的动态过程。而渔业网站建设、电子商务模式开发也成为渔业信息化的重要组成部分。在渔业网站建设上，目前我国已初步在互联网上形成了一个由各具特色的水产网站组成的行业网站部落。但高质量、能持续发展的还不多见。在水产品网络购物方面，网上销售的水产品以即食水产品为主，其次是水产干货制品，品种涉及鱿鱼丝、鱿鱼条、虾米、海米、墨鱼干、紫菜、海蜇丝等。这些产品储运方便，易于储藏，便于开展电子商务。对于鲜活水产品的网上销售，也有一些企业在探索，但由于鲜活产品不易储藏和运输，再加上内地消费者对海鲜如何烹制不甚了解，物流运输、市场开拓及消费理念等诸多问题仍需进一步解决。

从全球市场来看，我国是世界水产大国。近年来，我国水产品进出口比重日益增加，形成了以国内自产水产品出口为主、来进料加工相结合的水产品国际贸易格局。水产品贸易的发展要求水产企业适应国际信息经济的发展，实现电子化和信息化。这也是缩小并跨越与发达国家国际贸易中的"数字鸿沟"，尽可能多地分享信息革命带来的好处，从而在未来的国际分工和国际贸易中争取更有利位置的需要。

一、我国水产电子商务发展现状

水产品电子商务与物流息息相关，下面将从水产网站建设和水产品物流信息网络建设两个方面来探讨我国水产电子商务发展现状。

有关统计显示，我国水产企业自建网站占水产类网站的 54%，其次为水产电子商务类网站，再次为水产门户网站和电子政务网站。如图 8-1 所示。

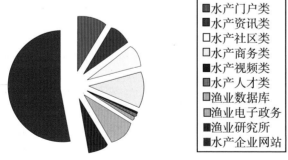

图 8-1 水产网站类别分布

从网站内容看，我国水产企业类网站主要是用于企业形象宣传；2000 年左右成立的水产电子商务类网站主要是模仿阿里巴巴的 B2B/B2C 模式，只是简单的水产品及相关产品的供求信息平台。2005 年之后建成的水产品电子商务网站更多地注重网上商城性质，多为海鲜干货制品的线上交易平台，还有一些涉及海鲜鲜活产品及冷冻产品的线上交易。这些水产品网上商城更注重网上营销平台的利用，添加了在线客服、在线支付等功能，页面更加美观，为消费者网上挑选产品及在线咨询提供了诸多便利。

从水产电子商务类网站的区域分布来看，多集中于海洋经济发达的沿海地区。山东和浙江两省水产电子商务网站比例远远高于其他省份，内地和中西部地区从事水产电子商务的企业少见 (图 8-2)。北京由于 IT 及信息产业的发达，近年来从事水产电子商务尤其是海鲜网络购物的网站也逐步增多。

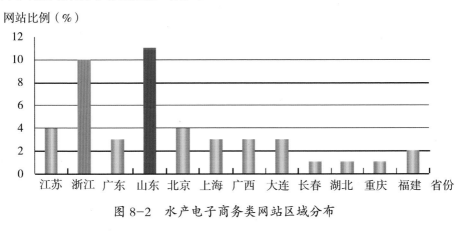

图 8-2　水产电子商务类网站区域分布

综上所述，我国水产电子商务类网站内容正从以往简单的 B2B/B2C 供求资讯平台向 B2C/C2C 网络交易平台转换。由于水产品的地域性特点，使得我国水产电子商务也呈现出较强的地域性特征。总体来说，我国水产电子商务还处于初步发展阶段，有些网站虽然建立比较早，但还没找到一种适合水产品网络营销的商业模式，基本处于停滞状态。水产品网络购物电子商务作为一种营销模式，还受限于物流信息建设的发展和人们消费心理的转变。

在此统计的水产类网站均是有独立域名的网站，在第三方电子商务平台建立的网上店铺如淘宝店铺等，不在该统计之列。

二、现行的水产品电子商务模式

根据对我国水产电子商务网站的内容评估显示，我国水产电子商务类网站的商务模式主要分为三类：一是以供求平台为主，信息发布者为企业或个人，一般需要注册登录网站后才能进行信息的发布，这类网站功能简单，消费者的目的是从网上寻找买家或卖家；二是以网店为主，类似淘宝网店的模式，在网站平台开办网店的主要是水产类销售企业，网店模式主要实行会员制，开办网店的企业根据自己的会员级别有不同的信息浏览及管理权限；三是以网上商城为主，类似传统的超市，将水产品信息分门别类地发布在网站页面，并由专门的在线客服和支付系统，消费者浏览网页的目的就是自由地选购所需的产品，加入自己的购物车，完成在线支付后等待物流或快递送货上门。如图8-3所示。

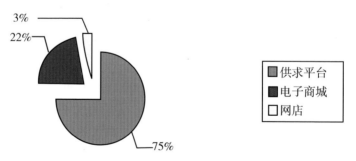

图8-3　中国水产电子商务类网站商业模式布局

1.供求平台模式

此处将电子采购模式称为供求平台模式，简言之就是买方模式和卖方模式的融合。买卖双方以互联网为平台，依托网络技术的支撑，在线发布求购或供应信息，通过网络信息搜索和传递来寻求买家和卖家。

目前我国水产电子商务的商业模式仍以供求信息的发布为主，功能相对简单，这类网站除了供求资讯之外，还包括新闻资讯、市场信息、价格行情等栏目，以信息的交易为主。

2. 电子商城模式

电子商城又称网上商城，是以电子商务软件来建构的大型网络购物平台，类似于传统的超市、百货商城之类，区别在于电子商城的买卖过程均在网上完成，其优势在于减少了中间环节，消除了代理和运输成本中间的差价，节省了消费者的时间，而且随时随地可以订购商品，突破了区域和时间界限，给加大市场流通带来了极大的空间。电子商城的用户通过浏览商品信息、选择商品、确定购买等环节生成网上订单，并通过在线支付、选择配送地址等环节完成购物过程。

水产品网上商城模式是随着电子商务的发展及网络购物的兴起而出现的商务模式，这类商务模式以在线交易为主，需要强大的在线支付功能及物流配送体系相支撑。目前从事水产品网上商城模式的电子商务网站还占少数，网站的市场认知度不高，还处于探索发展阶段。

3. 网店模式

网店又称电子商店，类似淘宝网店的模式，在网站平台开办网店的主要是水产类。在此统计的网店是指在专业水产电子商务网站上开办的网店，不包括在淘宝、阿里巴巴等开办的网店销售企业，网店模式主要实行会员制，开办网店的企业根据自己的会员级别有不同的信息浏览及管理权限。电子商店和电子商城都是以销售网络产品为特点的，不同的是电子商城是众多品牌的汇集，有自己的自主销售平台和供应链体系。电子商店则不同，电子商店一般依附于专业的电子商务平台，不需要自己进行网络技术的开发和维护，只是以会员的形式在专业电子商务平台注册，推广宣传自己的网络产品。见表8-1。

表8-1 现行水产电子商务商业模式特点对比

商业模式	特点	盈利点	优点	缺点
供求平台	信息发布平台	会员费、中介费	解决买卖双方的信息不对称	无在线交易功能
网店	销售平台	中介费、广告费、会员费、建站费	提供网上虚拟店铺和竞价排名搜索	无网上店铺的经营和销售权，不便于统一管理
电子商城	销售平台	销售额	有自己的专业电子商务营销平台和供应链体系，销售品种多样	需要较高的技术支持和较高的成本投入

第二节 我国水产电子商务现存问题

一、水产品的消费制约

我国水产品消费呈现以下特点：第一，我国水产品消费以鲜活消费为主。一般而言，淡水水产品比较分散，要求灵活性较强的短程物流；海洋水产品常常需要加工，对物流的技术性要求高。第二，我国水产品消费分布地区不均匀，东西部地区不平衡。这种状况与水产品不能在全国范围内实现广域流通有密切关系。第三，水产品消费的城乡差异大。造成水产品消费城乡差异大的因素，一与城乡居民的收入水平和消费习惯有关，二与农村缺乏销售网点和购买渠道单一有关。第四，年龄结构与水产品消费频度具有一定的关系。水产品消费的主力群体在40~50岁这个年龄段，其次是50~60岁这个年龄段，而这两个年龄段却不是网购的主力群体，因此，这也是中国水产品电子商务至今不能发展壮大的主要原因之一。见图8-4。

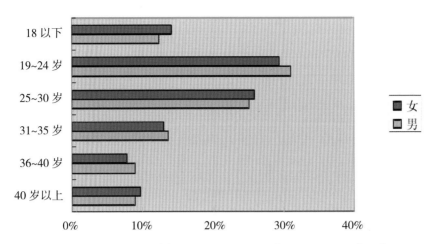

图 8-4　2009~2010 年中国网络购物市场以年龄划分的订单分布

由图 8-4 可以看出，网络购物的主力群体为 19~30 岁的年轻人。艾瑞咨询认为，网购各类人群在网购参与程度上的此消彼长符合网络购物的发展趋势，或将加速中国网购市场由"淘便宜"向"淘品质"的转变，预计未来各类人群的网购参与度会进一步发生变化。食品信息安全依然是影响消费者做出消费决策的主要因素。

综上所述，我国水产品消费的区域性、城乡差异性、鲜活性以及信息的不对称性导致消费者对网上销售的水产品尤其是鲜活水产品的质量信誉度大打折扣。再加上 40~50 岁年龄阶段的消费人群是水产品消费的主力，而这个年龄段的消费者却不是网络购物的主力，这就给水产品电子商务市场的开拓带来了一定的难度。

二、冷链物流条件有限

冷链主要分为冷冻加工、冷冻储藏、冷藏运输及配送、冷冻销售四个环节。目前生鲜食品的冷链物流体系做得比较好的国家依然是欧美和日韩，尤其是美、德、日等发达国家，在冷链物流的运输过程中均配有 EDI 系统等先进信息技术，并实现了水陆联运，建立了完整的生产、加工、储运、销售冷藏链，提高了新鲜物的冷藏质量和运输效率。我国海洋渔业发达的省市是环渤海的冀、鲁、津；长江三角洲的苏、浙、沪及珠江三角洲的闽、粤等地，其中闽、粤、辽、鲁、浙5省的海洋捕捞产量超过150万吨，约占全国海洋捕捞产量的81.6%和全国海水养殖面积的77.01%。我国的淡水捕捞和淡水养殖主要集中在湘、粤、苏、皖、鄂、赣6省，其捕捞量占全国总量的68.1%，养殖产量占全国的63.4%。活体消费是我国居民水产品消费的重要特征，这也决定了水产品的流通地域性限制。相较欧美发达国家，中国冷链物流的滞后使得我国渔业产量较高的省份生产的水产品只能在本地或附近区域销售，而中国中西部地区水产品尤其是海洋捕捞水产品消费甚微。这也给网上销售海水及淡水鲜活产品带来了一定的难度和问题。虽然随着电子商务的发展和网络购物的兴起，也有一部分人开始尝试利用淘宝或自建平台销售海鲜鲜活产品，但产品易腐，在配送过程中的折损率仍较为严重，而且鲜活产品的配送成本要远远高于干货制品。这就要求冷链物流各个环节要有更高的组织协调性，也使得水产品尤其是鲜活水产品电子商务的开展困难重重。

三、商业模式缺乏创新

目前大多数水产电子商务网站多采用电子商店、电子商城和电子采购模式，采取会员制，并根据服务不同对会员进行级别划分。作为传统的模式，会员制在兜售信息、网站建设等方面虽然提供了便利。但是，会员制同样限制了网民的积极性，仅仅靠卖信息、建网站并不能成功运行电子商务，而是要针对不同的企业选择不同的产品模式，让会员企业在水产交易平台上发挥企业的积极性，宣传企业产品的同时，提升企业形象和搜索率。

从现有水产网站的设计来看，归于流程化，过于死板，页面视觉冲击力不强，用户的互动性欠缺。从内容上看，水产品交易网站局限于传统的供求信息的发布、一些水产资讯信息的堆砌，功能过于简单，缺乏购物导向。

从现有水产网站的商业模式来看，电子商店模式仍是目前水产品电子商务的主要模式之一。在专业的水产网站开办网店这种商业模式所占比重较小，主要是由于专业水产网站本身发展仍比较滞后，相对国内发展较为成熟的阿里巴巴、淘宝网等专业 B2C/C2C 网站，中国水产电子商务网站无论在技术支撑还是营销方面，都明显不足。

我国水产电子商务的主要模式还局限于较低层次的电子商店、电子采购、电子商城模式。由此也可以看出，我国水产电子商务的商业模式无论是功能整合还是创新程度，都还处于较低的发展水平。见图 8-5。

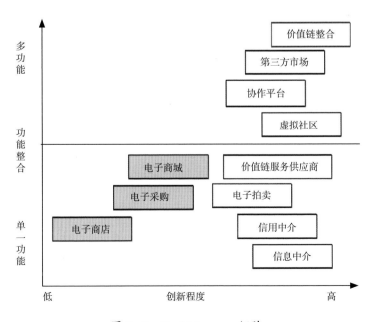

图 8-5　Paul Timmers 矩阵

四、数字鸿沟

数字鸿沟即信息技术壁垒，主要是在国际贸易过程中，由于贸易双方在信息技术上的不对称，如进口方采取网上订购、网上支付与网上交易，而出口方不具备进行电子商务的能力，从而造成与贸易有关的信息表述不衔接、不接轨，不符合进口国的要求，由此造成贸易的障碍。

从国际上来看，亚太地区由于发展滞后，数字鸿沟主要表现在法律政策环境、基础设施建设、发展应用水平方面。

信息技术的发展也促使渔业经济的发展要迎合时代发展潮流，实现水产品贸易及监管的信息化。我国水产行业，由于技术实力、产业结构、人才素质、资本供给等方面与西方发达国家还存在诸多差异，我国水产业电子商务的发展仍较滞后。尤其是在国际电子贸易方面，虽然我国的水产品在价格、丰富性等方面存在竞争优势，但由于不同国家和地区的消费者对于商品的偏好及消费习惯均有差异，在物流、支付、税收等各个方面依然存在障碍。另外，我国水产品出口一直面临着绿色贸易壁垒和技术壁垒等条件限制，这也对水产品电子商务的海外扩张造成了难度。

五、水产品分级与评估不健全

在传统交易市场，消费者购买水产品，尤其是鲜活水产品，要对其质量、成色、大小进行"手摸、眼看、鼻闻"式的详细判断。而在网上交易，除了能标明产地、大小之外，具体水产品的质量如何，品质是否有保障，这些都无从把握，只能依靠网站提供的产品图片来判定，缺乏统一的量化指标和标准，使得交易双方难以达成认同。

因此，我国水产品电子商务要实现鲜活水产品的网上销售，还需要相关部门和专家制定出一套统一的对水产品分级和评估的标准，以便达到消费者的认同，使得网上交易可靠可行。

六、交易信用问题

电子商务的实现要依赖于社会信用体系的完善和发展，尤其是电子支付、网络安全技术、政府立法对确保电子商务交易信息的真实性和可靠性至关重要。水产电子商务也不例外，水产品网上销售属于食品销售的范围，而食品的消费最重要的就是质量安全，这就要求在交易的过程中，交易双方要彼此了解，并建立相应的诚信体系和售后服务规范。如电子采购类网站，就要求电子商务系统要对交易双方的过程进行实时跟踪，并对会员级别进行信用评估和鉴定。如淘宝网站对淘宝店铺就有相应的信用评级和售后投诉处理，这样能保证交易公平，同时赢得消费者的信赖和好感，增加网站流量和交易额。

我国水产电子商务网站目前多为企业信息宣传平台或由行业协会推动的知识普及性平台，具备在线交易功能的网站微乎其微。在商业模式上，主要集中于低层次的供求信息平台模式。虽然近年来逐步向网上店铺和网上商城模式过渡，但由于水产品消费的地域性及城乡差异、水产品冷链物流条件的限制及水产品分级评估不健全等因素制约，我国水产品电子商务发展步履维艰。

第三节 我国水产电子商务发展思路

一、产业链整合

在经济活动的过程中，各产业之间存在着广泛的、复杂的和密切的技术经济联系，因此，人们将各产业依据前、后向的关联关系组成的一种网络结构称为产业链。产业链的实质就是产业关联，而产业关联的实质就是各产业相互之间的供给与需求、投入与产出的关系。

在传统的水产品产业链中，产业链主体的组织化程度低，如生产方面主要以分散的水产品养殖户为主，水产品的流通一般要经过复杂的中间环节才能最终到达消费者手中，这样就大大增加了流通成本，而且，市场信息的不畅通也成为制约水产品供求平衡的主要因素。因此，形成了以商流为主、物流和信息流为辅的传统水产品贸易流程，水产品从供应商到批发商、零售商再到消费者的运作途径基本遵循接洽—采购—储藏—陈列—销售这样的顺次链条来完成。在传统的水产品链条上，受制于技术手段和时空限制，信息流传递的速度慢、效率低，再加上纷繁复杂的流通环节，使得商流受到很大的限制和制约。如图 8-6 所示。

1992 年宏碁创始人施振荣将迈克尔·波特的价值链理论与其丰富的 IT 从业经验相结合提出了著名的"微笑曲线"理论。所谓"微笑曲线"就是指随着产业链分工中业务工序上、中、下游的变化，附加值的高低呈现出"U"形曲线，就像人们微笑时的口部一样。"微笑曲线"表明，在研发、加工制造和营销三大领域中，研发可获得

20%的利润，加工制造业可得8%~10%的利润，营销可得25%的利润，即价值最丰厚的区域集中在价值链的两端——研发和市场，如图8-7所示。

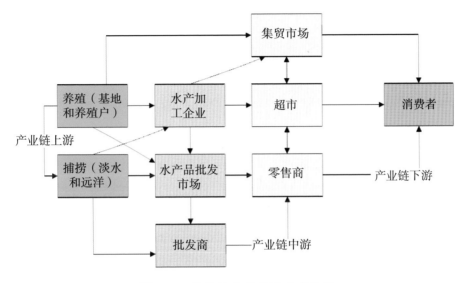

图8-6 传统的水产品流通产业链

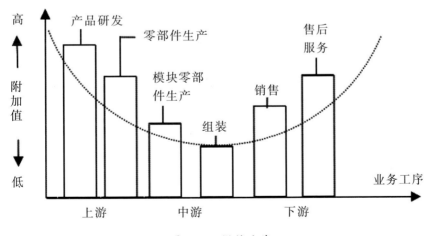

图8-7 微笑曲线

"微笑曲线"理论为台湾制造业的中长期发展策略提供了努力和思考的方向，在新经济形势下，对于我国水产企业来说，找准自己在微笑曲线中所处的位置也具有相当重要的意义。长期以来，我国水产业是以资源耗竭为代价在国际市场中充当着最底端的鱼品供应者的角色，具有高附加值的水产品加工及销售基本由国外发达国家所掌控。随着海洋资源的日益枯竭和技术研发能力的逐步提升，我国渔业产业结构逐步向远洋捕捞和海水养殖方向发展的同时，也在提升自身的产品研发和精深加工能力，向二、三产业逐步转型。也即是说，我国水产业一方面要增加自己的技术能力，另一方面要提高自身的品牌和服务意识。而电子商务是集技术、品牌推广和服务为一体的新的经济模式，也是我国水产品产业结构调整的一个方向。

我国的水产品分为捕捞产品和养殖产品。捕捞产品有一部分是直接在海上销售到海外，由海外精深加工后又销往世界各地。这样等于我国只是原材料的供应商，处于产业链的最低端，利润较少。另外我国水产品的精深加工能力有限，也导致我国水产品在国外市场屡遭贸易壁垒。而电子商务平台可使企业借助现代综合物流手段增加盈利能力，使得企业和客户之间能够直接交流沟通，这就改变了传统的水产品流通方式，增强了水产企业的品牌意识和产品研发意识。同时，电子商务的交易方式突破了传统贸易以单向物流为主的运作格局，信息流将一改在传统水产品流通中从属被动地位，成为新环境下水产品流通的主导力量，从而实现了以信息流为核心、以商流为主体、以物流为依据的全新流通运作模式。见图8-8。

我国农业最终出路还在于农业产业化的发展，最终模式将是"农业—工业—零售业"的结构，而直接面对消费者的零售业在发展互动中将发挥更为重要的主导作用。就水产品电子商务来说，要进行产业链的垂直整合，即向上游研发、采购设计整合，或向下游营销、品牌推广和售后服务整合。具体来说，水产品电子商务产业链首先将水产品产业链的中游向上游整合，减少中间复杂烦琐的流通环节；

其次，对产业链中下游的整合过程中，融入了物流、信息产业和金融体系，也即是说，水产品网上商城取代了传统的水产品批发市场的功能，将所有的产品汇集到网上通过网络信息平台直接展示给消费者，同时通过在线支付和物流配送完成整个交易过程。

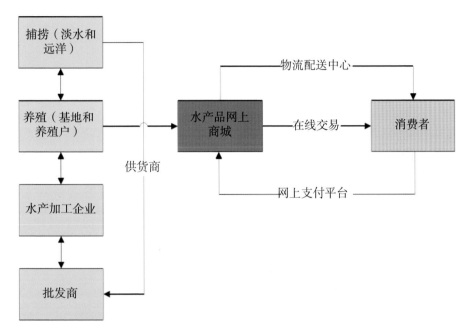

图 8-8　电子商务环境下水产品零售产业链

二、供应链优化

销售渠道缩得越短，企业成本降得越低，工作效率提高得越快。尤其是在网络经济条件下，电子商务的特点使得生产者和消费者建立直接的供销关系成为可能，并使传统的经营活动环节转向互联网和第三方物流。

第三方物流起源于 20 世纪 80 年代，目前在西方发达国家已形成一定规模的产业。随着经济社会发展及社会流通分工的细化，尤其是在网络经济时代，电子商务的发展导致独立于供方(生产、流通企业)和需方(零售业、消费者)之外的第三方物流出现跨越式发展。第三方物流的优势在于专业化的服务、优质储运能力及先进的供应链管理经验。

水产电子商务目前仍处于初级发展阶段,而且电子商务的创新程度和发展模式都较为滞后。再加上水产行业小而散、资金实力不强、技术能力不高、高科技及电子商务人才缺乏等困难,在开展电子商务的初期,就投入大规模的人力、物力去建立自营物流体系,既不现实,又会因成本增加将自己推入两难的境地。所以,与专业的第三方物流公司建立合作联盟,将采购、进货后勤、经营销售、发货后勤以及服务的一部分通过互联网和第三方物流实现,优化其配送服务体系,是现阶段水产品电子商务供应链结构优化升级的重要组成部分。第三方物流的业务流程一般从客户企业承接物流合同开始,根据合同指标完成指定的物流配送服务,并获得相应的物流服务收入。具体的物流业务流程见图8-9。

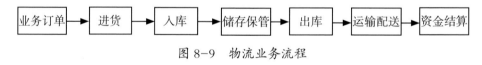

图 8-9　物流业务流程

电子商务环境下,物流配送流程一般分为三个部分:

1. 从供应商到电子商务平台

供货商首先与电子商务平台建立合作关系,将产品信息发布到电子商务平台上,进行商品的展示与销售。这一环节,主要是电子商务的采购部门要确认自己所需的产品及产品的数量、类型、图片信息及技术参数等,然后将产品信息提供给物流企业,通过物流企业将相关的样品运送到电子商务企业,进行在线销售。这种模式类似于DELL的直销模式,通过订单及销售量从供应商订购产品信息,尽可能减少库存。在整个运作中,供应商主要负责提供产品,物流负责产品的配送及后续的退换货服务。因此，这一阶段，选择适合自己产品配送渠道的物流公司至关重要。

2. 从电子商务平台到物流平台

在电子商务环境下，物流配送是从订货确认开始的，也即是说，物流企业在收到消费者在线支付及订单确认后才进入配送环节。电子商务条件下，消费者付款的方式有如下几种：一是货到付款，客户首先提供自己的配送地址和订货的详细信息，电子商务平台通过订货确认后将信息传递给第三方物流企业进行相应的配送活动，货物送到后收回款项；二是网上支付，目前国内大部分信用卡及国内外的银联卡均可进行电子结算，客户只要开通网上银行，进行网上转账即可，电子商务平台收到支付信息后与相应的物流配送企业联系进行货物的配送。

3. 从专业物流平台到客户

信息技术的发展使得物流的运作流程越来越透明化和可监控化，从物流平台到客户通过两种途径完成，一是通过第三方物流到客户，二是通过电子商务平台直接到客户。不管哪种途径，具体的流程都大致相同，即物流企业首先根据订单将产品分门别类地发往各地物流中转站，然后再由中转站发往配送地临近站点，最终送到消费者手中。在这一过程中，消费者也可根据订单号查询物流配送的各个环节，并在收到货物后通过收货确认来完成整个电子商务业务流程。在此需要指出的是，从电子商务平台直接到顾客，即网络直销，在电子商务业务中属于 B2C 模式，这种模式主要靠量取胜，要求能覆盖全国各地的物流系统。

具体到水产电子商务的物流系统选择来说，一是选择靠近生产基地的物流系统，便于货物的调配和及时运输，达到水产品保鲜的目的；二是通过"线上销售＋线下商务"相结合的模式，让接近货物配送地的消费者凭借消费码上门自提货物或者去实地消费，也是使水产品保鲜的措施之一。见图 8-10。

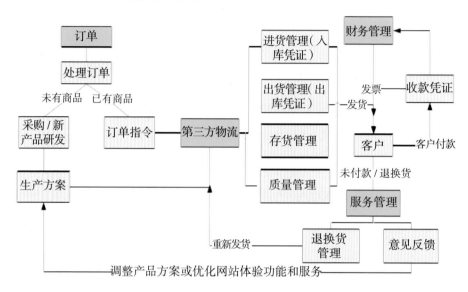

图 8-10 水产品电子商务物流业务流程

三、价值链提升

价值链分析一般包括三部分内容：第一，企业内部价值链，主要是划分企业的主要价值活动（如迈克尔·波特的价值链理论），进而对企业内部管理进行优化；第二，外部产业价值链，主要是从产业链的上、下游来考虑，帮助企业寻求进一步降低成本的方法，或调整企业在整个产业价值链所处的位置；第三，分析竞争对手价值链。主要采用产业价值链的分析方法，认为电子商务的支撑环境包括电子支付、网站建设和配送体系，虚拟价值链包括信息流、物流、资金流、商品流。

水产行业的特点是企业规模小、分散、技术实力不强。目前水产业电子商务网站多为传统水产企业自建的企业宣传平台或水产协会推动建立的信息展示和技术知识推广平台，也有少数电子商务网站为个人投资创办的电子采购及交易平台，但整体来说，多数网站为信息宣传平台，网站的交易功能还不够完善。由于中国水产业技术、资金、人才等条件有限，及电子商务投入前期需要较高的转换成本，如单个企业建立以交易或营销为主的电子商务平台，前期需要投入的技术开发成本和网络维护、运营成本巨大，而电子商务的收益一般要经过很长一段时间才能显现出来。所以规模不大或资金实力不强的企业开展电子商务，一般都面临着后续资金不足而夭折的困境。因此建立一个汇聚多品牌交易平台的第三方市场是非常有必要的。

所谓第三方市场就是独立于供需双方的第三方所建立的电子商务系统（如阿里巴巴系统），简言之即交易各方的中介平台，是一种以客户为中心的电子商务交易与服务模式，其收入主要来源包括会员费、广告费、建站费等。这种电子商务模式具有以下优势，如保持中立立场，保证交易信息及交易过程公正和公平，易于得到交易双方信任；撮合交易双方，提供电子交易手段及配套服务；利用第三方平台技术、资金和安全优势，整合各交易企业资源，易于形成企业群集的聚合效应。

第三方购物网站具体的运作模式主要有：

1. 网上店铺模式

第三方购物网站为商家免费提供电子空间，商家利用该电子空间装饰自己的网络店铺、进行网络推广和宣传。对于第三方购物网站来说，其营利收入主要来自广告费和搜索费。而对于商家来说，营利点主要来自利用电子空间所获得的产品销售额。这种模式给予商家较大的经营权，商家可以通过发布产品信息、促销或团购信息来吸引买家，交易达成后商家通过自己选择物流公司进行货物的配送。

2.SNS（Social Networking Services）模式

该模式又称网络社交模式，主要是通过社交网络来扩大朋友圈来累积人气。随着移动互联网及微博、微信的发展，该模式日益成为商家进行网络营销的主要平台。

3. 网络社区模式

营利模式主要是靠广告联盟、互动营销收入及应用平台开发商分成等。网络社区是一种人们可以在网上自由交谈和发表意见的平台，互动性强，而且社区的人气越旺越便于商家通过该平台进行网络营销和推广活动。

综上，第三方购物平台，将网上销售与网上人气积累结合起来，通过聚人气来聚商气。消费者可以通过门户网站的产品目录查询或搜索来寻求与自己有关的信息，也可以去社区关注自己想了解的信息和话题，还可以通过即时聊天工具了解产品的详细信息，极大地丰富了消费者的购物需求。

第四节 水产品第三方电子商务平台构建

一、水产品第三方电子商务平台特点

将水产品批发市场看作是独立于供需双方的第三方平台，提倡以水产品批发市场为切入点开展电子商务，原因如下：

1.专业性强

目前我国的水产品批发市场多为水产品交易的中转站和信息量汇聚点，直接连接着水产品产业链的上游和下游，而且水产批发市场对市场和价格反应灵敏，各地水产品批发市场都已初步建立了价格行情展示平台，并逐步朝功能型和交易型电子商务平台转变。尤其是国外发达国家，水产品批发市场的信息化程度较高，如欧洲水产市场每年交易额高达 100 亿美元，比利时泽布吕赫港口 22% 的水产交易是通过网络进行的。随着移动互联网技术的成熟和应用，在渔业发达的国家，一些渔民在海上捕鱼时就开始在船上通过计算机系统直接将捕捞来的水产品销售出去。

2.有较好的资源支撑，易于转型

水产批发市场是水产品流通的重要环节，无论是养殖水产品还是捕捞水产品，都要通过产地批发市场最终进入零售阶段。可以说，水产批发市场是水产品交易的重要环节。在我国，各地批发商在各个消费地的批发市场都有自己的门面和营业执照，他们主要与产地的货主交易，然后将产品出售给下一级流通主体。水产批发市场囊括了众多商户，有较好的客户资源和渠道优势，相较单个企业或个人开展水产品电子商务来说，水产批发市场更容易进行信息化建设和技术的升级改造，资源优势明显。

3.品牌效应易于传递

传统的水产批发市场已成为消费者购物的主要渠道之一，尤其是鲜活水产品的交易多在水产批发市场进行，这是因为相较其他的购物渠道，水产批发市场提供了选择的多样性，而且消费者传统的消费理念是眼见为实，对水产品"一看、二摸、三闻"之后才会做出购买决策。水产批发市场常年积累起来的品牌效应也使得消费者对水产批发市场的产品更容易信赖和接收，利于品牌的传递和推广。

二、水产品第三方电子商务平台结构

根据水产品的特性及水产批发城的现实状况，对水产品第三方电子商务平台进行了建构，将水产品第三方电子商务平台分为六大中心，即交易中心、数据中心、信息中心、支付中心、配送中心和服务中心。其中，交易中心和信息中心是前端展示中心，数据中心是后端监控中心，支付、配送和服务中心是完成交易的支撑和保障。见图8-11。

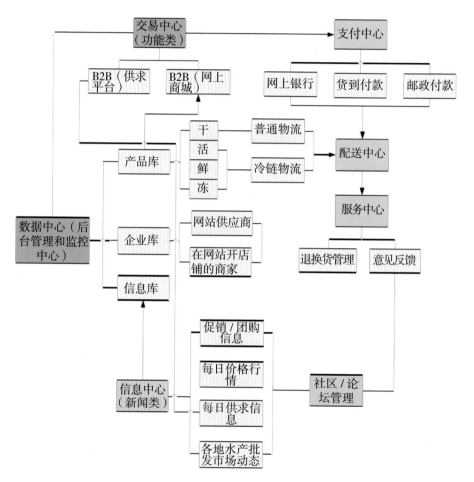

图8-11 水产品第三方电子商务模块构建

1.交易中心

交易中心分为两大类，一类是以供求信息、价格行情及商家交易为主的 B2B 供求平台，这类平台主要是方便商家寻找和发布供求信息，主要目的是寻找商机，以信息中心为支撑，实际交易在线下完成；另一类是以产品和网络购物为主的 B2C 电子商城，这类平台直接面向终端消费者，以实物交易为主，以网站强大的产品库为基础，同时以支付中心和配送中心为支撑，实现在线交易的功能。

2. 数据中心

数据中心是电子商务网站的后台管理和监控中心，分产品库、企业库和信息库三大类进行管理和监控，如每日的产品销售信息、企业网上加盟店铺信息及供求、促销信息等，以便管理人员根据存货量、销售量及企业加盟数量及时采购新产品、调整营销战略等。

企业库分为两大类，一类是直接吸纳为网站 B2C 商城部分的供应商，另一类是依靠网站提供的电子空间自己开店铺经营的商家。由于网站建立之初需要强大的信息量做支撑来吸引流量，所以前期提供免费的电子空间给商家开立店铺也是为了提升人气，到电子商务逐步运营成熟之后，这部分商家要逐步转变为网站的直接供应商，即有水产品电子商务第三方平台来直接进行产品的销售和品牌经营。

信息库主要来自信息中心的每日价格行情和供求信息，建立信息库是为了建立市场变动数据，以便根据每日行情来推断每周、每月的水产品价格和市场走势，及时调整销售策略。

3. 信息中心

信息中心是水产品市场的动态监控中心，对水产品的每日价格行情和供求信息进行监控的同时，提供客户适时的促销和团购信息，并对各地水产批发市场动态进行适时播报，同时也为政府宏观调控提供依据。

4. 支付中心

支付中心分为货到付款、邮政付款、网上支付及上门自提四种方式，以便客户根据自己的实际情况进行选择，方便交易的完成。同时，支付中心还负责付款确认及开具发票等事项。

5.配送中心

在收到订单及确认订单后，即进入了物流配送环节。物流企业根据收到的订单及配送地址，完成货物配送。

6.服务中心

配送完成后，服务中心负责处理客户投诉、客户退换货及客户意见反馈等信息。同时，服务中心还可通过社区论坛及产品评价等网上在线反馈来及时了解客户的需求，定时将客户意见反馈给战略决策部门，以便改进服务和产品。主要突出以下三大模块：

（1）网上预订系统　在网络环境中，信息在消费者购买决策过程中起着举足轻重的作用。在产品展示方面，要准确标明产品的详细信息，包括生产日期、生产厂家、保质期等，如有需要，让消费者通过网络视频看到产品的形状、大小，以便消费者做出购买决策。由于水产品消费仍以鲜活产品消费为主，因此在实施电子商务的过程中，应引入预订系统来解决产品保鲜保质的问题。换句话说，商家利用电子商务平台搜集消费者的消费需求和产品预订信息，然后根据消费者的预订订单来采购和配送产品，这样既可以解决鲜活产品不易储存的问题，又能节约产品的库存成本。

（2）产品分级系统　产品按照干、活、鲜、冻进行分类，这主要是根据干货制品和冷鲜水产品的配送渠道不同所决定的。一是鲜、活、冻产品对物流配送的运输和存储条件要求较高，需要冷链物流系统做支撑完成配送，而干货制品通过普通物流即可实现物流的配送；二是干货制品和冷鲜水产品的消费群体定位及区域定位也是有所不同的，干货制品如鱿鱼丝、鱼片等作为休闲小食品可以实现全国性的销售，而冷鲜水产品的消费相对来说仍有较强的地域性，一方面可以从沿海大城市和一些关键客户如海鲜酒店的采购人员等做起，建立起长期的供货和信赖关系；另一方面可以与各地水产批发城建立网络联盟，将客户的订单信息直接传递给当地的水产批发市场，从当地批发市场直接供货。也可参照发达国家网上拍卖系统的做法，对水产品进行详细的分级。如全欧水产拍卖公司为方便买家通过其电子商务平台进行采购，着重做了以下几个方面的工作：①对新到岸的水产品，参照欧洲标准，对其大小、质量等进行等级划分。②在每次进行拍卖前，会跟买家就质量和大小进行详细的介绍和沟通。③对每一个远程买家，保持长久的联系。在丹麦，水产品除了被准确分级外，还能通过系统全程监控水产品的分级、称重、贴条形码、装箱和拍卖。

（3）退换货管理系统　退换货会增加企业的运输、检测、包装和时间成本。对于水产品电子商务来说，由于水产鲜活品对时间的要求比较高，一旦配送到消费者手中的鲜活产品出现不新鲜甚至腐烂、变质等问题，再退回来已不能进行二次销售，基于此，水产品电子商务的退换货管理应采取以下几个措施：

第一，建立消费者信任。按照干货制品和冷鲜产品分类的不同，实施不同的退换货管理。对于冷鲜产品，在配送环节一定要做好消费者的验收服务，包括开箱检查水产品的质地、成色、大小等，给消费者充分的验收权和退换货的权利，以建立与消费者的信任关系。最重要的一点，信任的建立是从质量控制开始，在此基础上，树立起在消费者心中的品牌意识，增强客户黏度。

第二，建立退换货仓库，缩短冷鲜产品的退换货周期。在实施水产品电子商务初期，冷鲜产品实现全国范围内的销售是不现实的，因此在物流配送的退换货管理方面，最好能在重点销售区域建立退换货仓库或退换货网点，一方面节约时间成本，另一方面便于货物出现问题及时处理。

第三，开箱验货要拍照为证。在物流配送的最后一个环节，要让物流配送人员就开箱后的产品用手机或相机拍照存档。如果与消费者有争议，根据当时的图片双方进行协商和界定。

三、水产品第三方电子商务操作流程

根据以上模块，水产品第三方电子商务的具体业务操作流程如下：

第一，任何企业或个人登录网站后，即进入两个系统，一个是供求平台，一个是网上商城，供求平台的供应信息及网上商城的产品信息均可免费浏览和查询。但是企业或个人如果有发布供求信息或订购商品的需求，即要进入注册系统进行注册。注册后的用户信息将被写入客户库或企业库被保存，注册成功后即自行进入登录系统登录，登录后系统将根据会员权限进行判定。普通浏览者没有权限查阅求购信息，但可免费发布供求信息，也即是说，网站供求平台部分的求购信息是针对会员开放并收取费用的，供应信息是免费开放的。而且，供求平台只是提供了线上搜寻信息寻找买家和买家的功能，具体的交易和谈判仍需要线下进行。这点与网上商城系统是不同的，用户进入网上商城之后，即可免费浏览和查阅自己所需的产品信息，在订购产品后系统会提示用户进行注册和登录，登录后用户将确认订单、选择适合自己的配送方式并进行在线支付，网上商城的整个购物流程是在线上实现的。

第二，针对后台管理来说，管理员登录后进入信息后台，信息

后台的数据库包含产品库、客户库、企业库和信息库，管理员要对每日用户注册信息进行审核，并对每天的交易订单进行实时查询，根据订单和配送需求向配送中心和产品中心发出相应的产品请求和配送要求，以确保产品的及时送达。如图 8-12 所示。

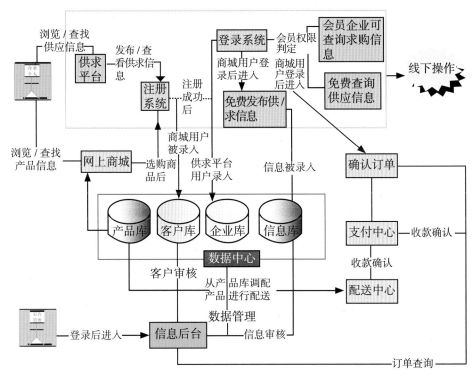

图 8-12　水产品第三方电子商务平台业务流程

第五节　网上渔市

一、网上渔市发展现状

中国舟山国际水产城 (前身为舟山水产中心批发市场有限责任公司) 创建于 1989 年 5 月，位于"中国渔都"浙江舟山沈家门渔港，是中国最大的海水产品的产地市场及鲜活农副产品中心批发市场，形成了鲜、活、冻、干四大水产品交易区和加工配送区、配套服务区。随着信息技术的发展和网络经济的崛起，舟山国际水产城也具有超前的网络营销意识，早在1999年10月就推出了以及时发布水产品价格行情、供求信息、行业动态、市场信息为主的专业性的水产网站，但是由于水产品生产具有较强的区域性、季节性、鲜活性等特点，及水产企业规模小而散、技术能力低下、信息化水平不高等条件制约，舟山国际水产城的网上渔市基本处于以信息发布为主要内容的低水平发展状态。

目前，网上渔市的经营模式主要包括信息服务和交易服务两大类，在经营管理上实行会员制，按照普通会员、铜牌会员、银牌会员和金牌会员进行不同权限级别的管理。舟山国际水产城以东海渔区为依托，与全国主要城市水产批发市场联动建立战略联盟，吸纳水产信息和企业会员，开拓网上市场。但是，从网站的整体运营情况来看，收益并不乐观。整个网上渔市的流量和交易量并没有因为那么多的注册会员而活跃起来，而且网上渔市信息量不够大，尤其是针对品牌会员的企业宣传和产品推广不到位，很多企业只是在网上建立了简单的商铺，产品信息多为空缺，产品图片模糊，不够美观，难以吸引消费者购买和实现在线销售。同时，网站内容的空洞直接导致网站流量上不去，看似热闹的"渔市"却热闹不起来。这也与其在经营管理上的会员制模式有关，虽然会员拥有诸多权限，但由于水产业整体电子商务水平不高和电子商务经营部门并未真正建立起来。会员企业本身没有那么多时间和精力专门在第三方平台上经营虚拟店铺做宣传推广，只是持观望的心态做尝试，一旦效果不理想，网上渔市就面临着客户流失的危险。换句话说，企业会员本身的网站使用黏度并不高，这也是网上渔市至今未有重大发展的主要原因之一。

二、网上渔市发展经验

1.网上渔市的定位

如前所述，舟山国际水产城是传统的海水产品的产地市场及鲜活农副产品中心批发市场，故其网上渔市应充分体现出水产品批发市场的特性，建立两个中心：信息中心和交易中心，信息中心以价格行情、水产品市场动态为主，交易中心以 B2C 的网上购物和 B2B 商品在线交易为主。简言之，网上渔市就定位为网上水产品的批发市场，以交易中心为主，信息中心为辅。交易中心实现在线销售和盈利，信息中心主要为吸引网站流量和访问量。

2.网上渔市的商业模式

现有的网上渔市基本仿造阿里巴巴的商业模式，实行"网上店铺＋会员制"的形式。也即是说，网站为广大企业会员提供电子空间，帮助商家建立网上店铺，根据会员级别，网站为商家提供不同的品牌宣传策略和营销推广服务。同时，商家也可以自己管理自己的网上店铺，如发布新产品信息、上传产品图片、进行产品促销等，也可以参与社区论坛，与同行探讨商业行情等。这种模式在互联网发展初期是卓有成效的，但随着电子商务的发展及网络经济的"先入为主"效应，阿里巴巴的这种模式已不适合后来进入者，网上渔市要获得突破性进展还需要对现有商业模式进行革新。

首先，从水产城针对的消费群体来说，主要有两类：一是终端的消费者或零售商，二是水产品批发或经销商。这就决定了水产城电子商务的主要任务有两个：一是要解决生产商和经销商之间的信息不对称,如市场价格的及时发布,每日水产品交易量及供销行情等;二是要解决供应商和终端消费者之间的信息不对称,如终端消费者对水产品的在线选择、订购及支付等。

其次,水产城的传统资源优势和网上渔市的定位决定了其商业模式为以网上商城为主的第三方市场模式,即整合了 B2B 与 C2C 的 B2B2C 模式。一方面,吸引水产品品牌企业进驻网上渔市,使其成为水产城网上渔市的直接供应商;另一方面,改变对现有的网上店铺的管理模式,不是让分散的供应商自己去管理自己的店铺,而是通过专业的电子商务平台网上渔市的专业电子商务人员来管理这些店铺,为这些店铺提供网上推广及品牌宣传策略。

3. 网上渔市的改进策略

现有的网上渔市主要包含两大服务:信息服务和交易服务。信息服务针对的主要是水产品经营及相关企业,提供的服务内容包括市场供求信息、全国主要城市的市场行情、行业新闻及法规、国外渔业信息等。交易服务包含的内容相对广泛,包括网上商城、谈判交易平台、拍卖交易平台、撮合交易平台和物流服务平台。

目前的网上渔市信息服务和交易服务的内容过于宽泛,尤其是在电子商务投入前,"大而全"不如"小而专",而且这么广泛的信息和交易服务需要庞大的人力、物力及技术支撑。单就网上渔市目前的发展状况及水产行业人员的电子商务知识和水平来说,还不足以经营这么宽泛的业务,这可能也是网上渔市至今发展面临困境的原因之一。基于此,提出以下改进策略:

(1)保留原有的信息服务和交易服务,但对其服务内容进行删减 信息服务主要包括每日水产价格行情及供求信息,服务的方式可利用手机短信发送的方式对会员企业或个人进行每日水产信息提示，如舟山水产城主要交易品种——带鱼、小黄鱼、对虾等的交易量或交易价格，原料及成品的供应信息及求购信息等，以便客户实时掌握市场行情。之所以对信息服务选择手机短信发送的方式，也是基于水产从业人员的工作特点和他们的上网率所决定的。一方面水产从业人员的互联网普及率还不高，另一方面这些经营决策者业务繁忙，上网时间有限，以手机短信提供信息服务便于他们适时查看，这对提升网站的认知度也大有助益。

交易服务只保留网上商城这一平台，这也是由中国互联网发展的现状及未来发展前景所决定的。互联网逐渐由新闻娱乐向电子商务与生活服务应用为主转变，而网上商城则是电子商务和生活服务应用的最佳体现。

（2）网上渔市建立两大系统："B2B供求平台+B2C电子商城" B2B供求平台针对的只要是原料和水产品采购或供应企业，该平台以提供信息服务为主，不体现在线交易的功能，只体现信息发布与查询功能，实体交易在线下操作完成。而且对所有浏览和查询产品供应信息的用户无须注册，且供应信息是免费开放的。但是如要发布供应或求购信息，用户必须注册，注册后系统会将用户资料根据企业或个人注册用户分别写入相应的企业库或客户库。重要的采购信息只对会员企业开放，个人或普通浏览者无权查看。

由于舟山国际水产城交易的水产品辐射到全国20多个省、自治区、直辖市，交易量中30%以上的水产品出口日、韩、欧美等国家或地区，且水产城作为被国家经贸委指定的全国重点联系市场，具有进出口自营权，所以水产城以东海渔区为依托，与全国大中城市的水产批发市场联合进行每日信息的采集是具有战略优势的。因此，建立每日的价格信息及主要城市的水产批发行情的信息数据库是很有必要的。这既方便对价格变化做出反应，又有利于与科研或政府机构合作，做出水产经济发展决策。见图8-13。

B2B采购平台作为重要的信息采集和服务中心，服务的对象不仅包括水产经营企业，也包括相关的科研机构和政府单位。

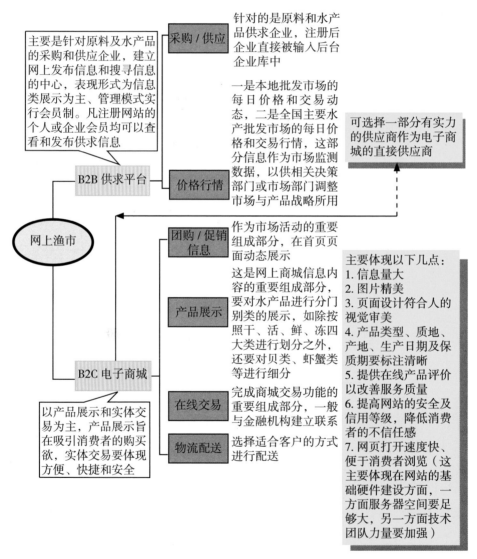

图8-13　舟山国际水产城网上渔市电子商务平台建构

B2C电子商城是网上渔市的重要组成部分和未来发展方向。这里所说的电子商城不同于网上渔市原有的电子商铺，不实行分散的会员制管理，而是由舟山国际水产城为第三方平台，广大水产生产及加工企业为直接供应商，由舟山水产城网上渔市电子商务部门统一管理的网上商城。也即是说，网上渔市成为水产品流通到终端消费者手中的最大虚拟中转站。

电子商城的产品主要以舟山水产城主要经营的产品为主，此外还要与金融、物流机构合作，实现在线支付、交易和配送的功能。电子商城除要求对水产品进行干、活、鲜、冻分类之外，还要对水产品的种类进行分类和评级，以方便用户浏览和查阅。另外还要对水产品的质地、生产日期、大小、保质期进行明确注明，还要对鲜活产品配送进行特别的提醒，如配送到客户手中出现腐烂变质的产品的处理办法等。

（3）前期经营以充实网站信息量和塑造品牌为主　网上渔市原有的进入策略是以信息服务为基点打开市场，技术上由购买技术到技术合作再到独立研发，资金方面实现政府、企业、银行等多层融资体系，在人力资源管理上建立相应的绩效考核和股权激励措施吸引人才。在前期网站进入市场阶段，应该首先打造网站的品牌，以网站内容吸引流量。因为网络经济的一大特征就是"体验经济"，体验经济讲求"眼球效应"，即直观印象，尤其是在网络中，网站信息量是否丰富、网页设计是否精美、网站使用体验是否友好直接关系到网站是否能吸引用户再次回访。因此，在网站进入前期，应先充实网站内容，其次才是品牌宣传策略的应用。

（4）建立四大数据库：产品库、企业库、客户库、信息库　将舟山国际水产城传统的产品信息分门别类地录入到产品库中，包括产品的图片、大小、产地、生产日期、保质期等信息，尽可能的详细，以便前端页面调用和管理员查询产品信息；企业库的企业一方面来源于用户自发注册的信息，一方面来源于水产城原有的注册用户；客户库一方面来源于网上商城购物的用户，一方面来源于供求平台注册的用户；信息库主要包括两大类信息，一是用户发布的供求信息，二是各地水产批发市场采集点采集来的价格行情信息。这四大数据库主要用于数据监测和评估，以便做出有利的市场决策。

第六节　水产养殖水质监测

长期以来，我国水产养殖企业多以追求产量、短期经济效益为目标，保护养殖水质意识淡薄，养殖病害逐年加重，时有药物滥用现象发生，养殖水域环境遭到不同程度的破坏，水产品质量安全得不到有效保障，解决水产养殖水质状况已经成为水产养殖业持续健康发展的重要研究方向。水质良好程度对水产养殖（鱼、虾、螃蟹等）具有十分重要的作用。从水产养殖环境的角度出发，及时掌握水产养殖水质变化，有效规避养殖风险，提高养殖产量，建立成本合理、反馈实时性强的水质监测网络才能有效保障养殖安全。

一、水产养殖水质监测现状分析

目前，国内水产养殖业大多还是通过人工取样、化学分析的检测方式进行水质监测，耗时费力、实效性差，一些水质指标的检测还需要有专业人员进行操作。由于市场上的水质监测仪器价格昂贵，各水产养殖公司、水产研究机构和水产院校除极少数配备了以外，一般单位不会采用这种监测仪器。随着水产养殖业的信息化技术的发展，水产行业将发生经营手段的转变，逐步选择先进的、成本低廉的水质监测系统服务于养殖作业流程。

二、无线传感器网络水质监测技术

本研究基于无线传感器网络，通过 ZigBee、GPRS、视频监控等信息化技术手段，实现水产企业远程水质环境信息监测，顺应信息化时代的要求。

1.无线传感器网络

无线传感器网络主要包含有节点、网关和软件。在无线传感器网络中，测量节点与传感器连接，路由器就是一种测量节点，它能延长无线传感器网络的传输距离，并能增加可靠性。数目巨大的传感器节点通过随机或固定布撒的方式，布置在给定的监测区域，每个节点收集监测目标区域的信息，采集到的数据通过多跳的方式传送到网关节点，称为汇聚节点。汇聚节点将收集到的数据直接或通过互联网和卫星上报给管理者。使用软件平台对数据进行采集、加工、分析和显示。无线传感器网络如图 8-14 所示。

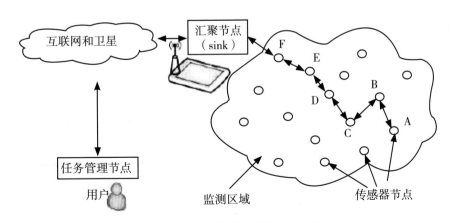

图 8-14 无线传感器网络示意图

2.传感器

传感器能按一定规律将感受到被测量的信息转换成为电信号，输出其他所需形式的信息，满足信息的传输处理和存储等要求。传感器的智能化让物体有了人类一样的触觉、味觉、嗅觉等感应器官。使用环境监测传感器采集池水温度、pH 值、溶氧值、亚硝酸盐、氨氮、硫化氢、CO_2 浓度等衡量池塘水质好坏的环境信息，监控养殖场环境，确保养殖安全。

3.GPRS

GPRS 是一项基于 GSM 系统高速数据处理的无线分组交换技术，以"分组"的形式传送资料到使用者，提供端到端与广域的无线 IP 连接。

4.B/S 和移动终端

B/S(浏览器 / 服务器) 的客户端用户界面是浏览器，服务器端由 WEB 和数据库服务器进行数据交互的系统架构。水质监测系统采用 B/S 架构模式 , 简化了系统开发的流程，管理者可以随时随地在系统平台监测水产养殖环境信息，使用和维护方便快捷。

5.视频监控

在水产养殖场，实现对养殖环境全过程视频监控，能够及时发现由极端天气引起的养殖场水质快速变化和水产动物异常反应问题，并采取相应措施，在节约人力成本、提升安全管理水平方面起到明显作用。项目采纳了深圳福斯康姆智能科技有限公司的视频监控方案，在养殖场安装无线网络摄像头，通过无线连接互联网，基于百度云平台实现了养殖场的视频管理监控。同时，视频监控实现了手机 APP 的在线浏览，管理者可以通过手机实现养殖场各种场景的实时视频监控。

三、无线传感器网络水质监测系统设计

基于 ZigBee 技术，设计以由 CC 2530 微处理器芯片和 CC 2591 射频前端组建的无线传感器网络硬件电路，构建由协调器、路由器、传感器节点等组成的无线传感器网络系统。以无线传感器网络为主要研究对象，根据水产养殖水质环境监测的特点，采用 ZigBee 无线传感器网络技术建立了一个水产养殖水质监测系统。在该系统中，传感器节点可对养殖水质环境信息进行采集，然后将采集到的信息通过无线网络发送到协调器节点；协调器节点再通过串口将数据按照规定的格式发往数据管理中心，数据中心根据这些数据进行合理的决策和管理，从而实现了科学的水产养殖。基于无线传感器网络的水质监控系统由传感器节点、数据采集汇聚节点、GPRS 数据传输、智能控制系统（PC 机或手机智能控制）四部分组成。如图 8-15 所示。

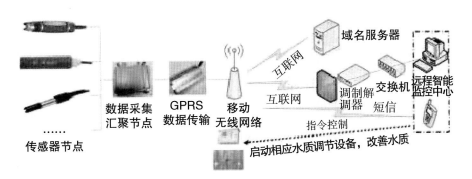

图 8-15　基于无线传感器网络的水质监控系统

1.传感器节点

考虑到亚硝酸盐传感器、氨氮传感器、硫化氢传感器价格比较贵，实验池塘监测代价可能太高，目前设计为三路传感器，分别为水温传感器、pH 值传感器、溶解氧传感器，智能控制平台预留检测模块，方便以后扩充检测功能。传感器环境节点负责对水质环境信息的采

集、处理和发送。

2.数据采集汇聚节点

汇聚节点网关部分主要包括 CC 2530 微处理器芯片和 CC 2591 射频前端，遵循 RS232 串口通信协议进行通信、数据传输，依据 ZigBee 协议进采集各个传感器节点发送来的数据。该模块放在防护等级为 IP 65 的防水盒中（可防止淋雨），主要实现对多路传感器节点信号的路由、采集、放大、曲线校准、串口发送、告警等功能。数据通过 RS 232 串口发送给 GPRS 数传设备。

3.GPRS

数据传输采用 GPRS 无线网络实现远距离数据双向透明传输的设备，无须搭建有线网，建设和维护成本低。在 GPRS 传输过程中数据按客户数据帧传输，避免一帧用户数据被多次打包发送，从而导致流量增大的情况；采用动态域名解析方式，节省服务器端固定 IP 的使用费；自带设备与 SIM 卡绑定功能，防止 SIM 卡被盗用替换；数据按帧发送，采用完备的防掉线机制，节省流量，保证数据终端永远在线。

4.智能控制系统

传感器采集存储的养殖水环境的水温、pH、溶氧度等多个水质参数，可通过 GPRS 向数据监测中心发送采集的数据，并通过手机短信的方式向集约化水产养殖管理者发送水质溶氧度预警信息。管理者除了可以通过计算机或智能手机查看和控制，还可以按照设定的时间采集水质状况数据，将数据呈现在曲线图上，根据实际水质状况，系统自动或手动打开增氧机、喷洒水质调理剂等改善水质。

四、基于无线传感器网络的水质监测优势

1. 预防风险

基于无线传感器网络的水质监测系统操作简单、数值输出快而精确，实时的监控并快速采取相应措施，预防极端气候造成水质指标超标引起的病害，规避水产养殖业的养殖风险。

2. 安装和扩展方便

本监测系统免布线、维护方便、扩展性好，ZigBee 无线网络可以独立于具体的应用环境，对系统进行相应的修改就可很容易扩展到其他应用领域。

3. 不间断监测

可 24 小时连续采集和记录监测点位的水温、溶氧度、氨氮、pH 等各项参数情况，实时显示和记录存储监测信息。

4. 监控方便

不管在办公室还是在家中，通过任何一台接入互联网的电脑或智能手机都可以访问监控数据，在线查看监控点位的水质变化情况，实现远程监测。

5. 强大的数据处理能力

监测系统能绘制柱状图和饼图，可随时打印水温、溶氧度、氨氮、pH 等数据及运行报告。

随着我国农业信息化应用的迅速发展，水产集约化养殖采用新的网络技术已逐渐成为养殖业的关注的热点。研究设计是基于 ZigBee 技术的无线传感器网络水质监测系统，对水产养殖各种水质环境因子的实时监测，并且为进一步降低养殖成本，规避风险，提高养殖收益，实现科学养殖提供一种可行的信息化技术手段。

佛山何氏水产

　　广东省佛山市何氏水产有限公司创建于 1995 年，位于珠江三角洲腹地，与万亩桑基鱼塘相邻，是集淡水鱼养殖、研发、收购、暂养、物流配送为一体的综合性大型现代化淡水鱼企业，被评为"广东省重点农业龙头企业""国家桂花鱼养殖综合标准化示范区""国家 AAAA 物流企业"等，是我国市场辐射最广、规模最大的淡水优质活鱼冷链物流企业之一。经过 20 多年的发展，何氏水产公司建有40 000 平方米的暂养车间，有储备鱼塘 200 多公顷；主导水产品有桂花鱼、黄骨鱼、鲴鱼、罗非鱼等品种；设有质量检测中心、工程技术研发中心，分级筛选、循环水质处理、低温暂养、自动化包装车间；配备了专业和系统化的运输系统，包括供氧设备和大型冷藏车队，配送网络遍及北京、上海、福州、南京、郑州、西安、昆明、成都、长沙等４０多个城市及港澳地区。何氏水产以"公司＋标准＋基地＋渔户"的农业产业化经营模式，将渔户、市场、产业、基地等紧密地联系在一起，不仅促进了农民增收，也实现了自身规模壮大的目标。何氏水产施行的是"公司＋标准＋基地＋渔户"的渔业产业化经营模式，产业间、基地与渔户间形成了强大的凝聚力、和谐力。信息服务在何氏水产发展过程中发挥着重要作用，通过搭建网络信息平台，将淡水活鱼的生产、流通和消费连接起来，形成完整的产业链条。何氏水产信息服务模式集成了生产环节的生产信息和流通环节的市场信息，联通了生产端的专业基地、养殖散户、合作社和流通端的农贸市场、超市、水产市场和消费者。引入了网络信息平台，成功地将淡水活鱼从生产到流通再到消费的所有信息都汇集在一起。通过加工处理之后再反馈到各信息需求者的手中，使信息的价值最大化。广东省佛山市有多家水产公司，但能够为淡水活鱼生产流通全环节提供信息服务的企业寥寥无几，何氏水产是名副其实的龙头。佛山市的淡水活鱼现代生产流通信息服务模式为单龙头主导型的，何氏水产充分发挥其资源优势和科研优势，在佛山淡水活鱼现代生产流通信息服务供给过程中进行服务创新，并从中获取较多收益，而其他中小企业则利用何氏水产的扩散效应进行模仿创新来获取收益。

本章小结

互联网技术的应用和普及为提升水产企业的信息化程度、改进水产品的交易方式提供了可能。本章介绍了我国水产养殖电子商务的现状和发展思路，阐述了水产养殖电商平台的建设，通过搭建网络信息平台，将渔业的生产、流通和消费连接起来，形成完整的产业链条，使信息的价值达到最大化。

第九章
电子商务营销直播带货

    据艾媒咨询显示，截至2020年3月，中国网络直播用户规模达5.6亿人，其中直播电商用户规模约为2.7亿人，即约一半的直播用户都有电商购买行为。2020年的疫情，让直播带货走向热潮。无论是网红直播带货，还是政府领导、企业负责人亲自上阵，直播带货都是今年的主题。随着大量商家的涌入，直播带货成了直播电商的亮点。本章主要分为六个部分：从直播带货产生的背景入手，介绍了直播带货的概念、特点，以及主流直播带货平台（抖音平台、快手直播平台、微信直播平台以及淘宝直播平台）的优势、操作步骤等，并在介绍每个直播平台后分享相应平台的典型案例，让读者对直播带货这种新型电子商务销售服务方式有清晰的认识。

知识
架构

电子商务营销直播带货

- 直播带货介绍
- 抖音直播平台优势及操作步骤
- 快手直播平台优势及操作步骤
- 微信直播平台优势及操作步骤
- 淘宝直播平台优势及操作步骤
- 直播带货技巧

第一节　直播带货介绍

一、直播带货的产生背景

2020 年，注定是不平凡的一年，新冠肺炎疫情的蔓延，让大中小企业项目招商、投融资、洽谈、落地、实施等工作均受到了不同程度的影响，几个月的时间不少企业进入亏损，宣布破产并进行人员遣散。但是部分企业在做好防控防疫工作的同时，也在寻求出路，纷纷开启线上工作模式：开展网上招商和项目推介，直播带货成为一个新潮流，这也产生了多个明星主播和网红主播，名人、政府官员的加入，让直播带货更是进入了一个新境界。

据艾媒咨询数据显示，截至 2020 年 3 月，中国网络直播用户规模达 5.6 亿人，其中直播电商用户规模约为 2.7 亿人，即约一半的直播用户都有电商购买行为。疫情期间，网络直播用户规模激增，调查显示，有近三成受访者几乎每天都看带货直播。艾媒咨询分析师认为，经过几年的市场教育，特别是受到疫情影响，直播电商的接受度明显提高，成为用户网购的重要组成部分。

二、直播带货的概念界定

直播带货是指通过一些互联网平台，直播进行商品的线上展示、讲解、咨询答疑及导购销售的新型电子商务销售服务方式，最终吸引粉丝购买商品的一种网络销售模式。

具体表现形式是由店铺自己开设直播间，或由职业主播集合进行商品推介。

2020年6月，中国商业联合会发布通知，要求由该会下属媒体购物专业委员会牵头起草制定《视频直播购物运营和服务基本规范》和《网络购物诚信服务体系评价指南》等两项标准。这是行业内首部全国性标准，于2020年7月正式发布执行。通过制定实施两项标准，有利于引领和规范我国直播购物和网络购物行业的发展方向，杜绝直播行业乱象，重塑行业生态，提升新零售行业的技术管理水平，维护广大消费者利益。

三、直播带货的特点

1.新型电子商务网络销售模式

直播带货是电子商务营销的一种网络销售模式，播主通过互联网平台进行产品推介、销售的新型销售和服务模式。

2.互动性和亲和力强，高粉丝转化率

电子商务的飞速发展，各大企业均开启了线上模式，传统的线上淘宝和线下购物已经远远不能满足大众需求。而直播带货，消费者可以像在大卖场一样，跟卖家进行交流甚至讨价还价，可以不出门随时随地进行交流，互动性和亲和力更强，也极大地提升了粉丝的转化率。

3.群体效应，价格低

直播带货减少了经销商等传统中间渠道，直接实现了商品和消费者对接。特别是对一些网红主播而言，直播的本质是让观众看广告，通过"秒杀"等手段提供最大优惠力度，吸引消费者，黏住消费者。同时消费者也可以进行全网搜索进行比较，群体效应也非常明显，容易达成购买意向。

4.方便、快捷，带动经济新增长

直播已经打破了传统的面对面的销售模式，用户可以利用碎片时间参与，方便快捷。电商直播带货都是要求播主在尽可能短的时间内讲解并描述好一款商品，并持续、循环地讲解，而这样的节奏也能够更好地利用用户的碎片时间，更能带动经济的新增长。

四、主流直播带货的平台介绍

1.抖音直播平台

2016年9月26日，抖音版本1.0上线，当时短视频正处于高热度阶段，这种比文字、图片更加低门槛、低成本分享信息的方式广受用户喜爱，2016年11月3日抖音短视频第一条微博的发布无人问津，2017年3月13日某知名相声演员转发一条带有抖音水印的视频微博，让抖音初次大规模曝光。2017年4月27日，抖音进入了免费榜第58名，摄影与录像第9名。

2017年8月抖音进入第二阶段，专注传播运营，促进用户的增长，在这期间，抖音的广告大幅增长，抖音通过大量赞助国内主流综艺节目引入明星等，用户激增，但是视频质量参差不齐，导致评论区出现了不和谐的声音。

2018年1月8日，抖音发布了2018年第一个版本更新，新增了私信与抖友可以直接互动，这标志着抖音进入第三阶段。2018年春节，抖音彻底火爆全国，最高日活动量达到了6 646万人。2018年3月30日"直达淘宝"上线，抖音上出现了购物筐按钮，点击后会出现商品推荐信息，且该信息直接连接到淘宝。这一阶段抖音长居iOS总榜前三，摄影与录像第一。

2.快手直播平台

快手在 2011 年 3 月诞生。当时叫 GIF 快手，是一款用来制作、分享 GIF 图片的手机应用。2012 年 11 月 GIF 快手转型。将制作的内容存储为视频，只有在分享到其他平台如微博，才转换成 GIF 图片。2013 年 10 月确定短视频社交属性，强化社交能力。2014 年 11 月，正式改名为"快手"。同年，快手在 App Store 连续 4 个月居前 50 名。2015 年 6 月快手总用户突破 1 亿户。

3.微信直播平台

微信是一款全方位的手机通信应用，帮助你轻松连接全球好友。微信可以群聊、进行视频聊天、与好友一起玩游戏，以及分享自己生活到朋友圈，让你感受耳目一新的移动生活方式。

而微信公众号本身是不能实现视频直播功能的，目前公众号支持的内容显示主要有图文、音频、视频的形式，并不能直接用于视频直播，但是公众号可以借助第三方工具进行视频直播功能的搭建，通过 H5、小程序、菜单链接跳转的形式进行。其中小程序是最稳定的视频直播方式之一，且微信小程序是一种不需要下载安装即可使用的应用，它实现了应用"触手可及"的梦想，用户扫一扫或搜一下即可打开应用。

4.淘宝直播平台

淘宝直播是阿里巴巴推出的直播平台，定位于"消费类直播"，用户可边看边买，涵盖的范畴包括母婴、美妆等。

2020 年 3 月 30 日，在淘宝直播盛典上，淘宝内容电商事业部总经理俞峰宣布，2020 年，要打造 10 万个月收入过万的主播，100 个年销售过亿的 MCN 机构，并发布 500 亿资源包，覆盖资金、流量和技术。其中针对技术，俞峰表示，将整合阿里巴巴经济体内所有资源，让优质内容和直播间被发现，将投入百亿级别流量。

第二节　抖音直播平台优势及操作步骤

一、抖音直播带货平台优势

日活动量大、带货门槛低：目前为止，抖音是日活用户量最多的短视频平台之一，2020 年 1 月数据显示，抖音日活用户量已破 4 亿户。在 4 亿户的流量背后，想通过直播带货，只需要满足抖音直播带货权限开通的条件即可。

年轻态：虽然抖音的用户年龄范围覆盖越来越大，但有数据表示，抖音用户年龄在 30 岁以下用户的占比达 93%，一、二线城市用户达 38%。因此，"年轻漂亮"也是抖音用户群体的一大特点。

业内人士表示，留住年轻人就等于留住钱，品牌方也乐于对年轻人、年轻态产品进行投资，各式段子卖化妆品、卖护肤品、卖衣服等，他们的脸就是最好的广告。

二、抖音带货操作步骤

抖音带货入驻门槛最低，只需要两步即可开通：

第一步：实名认证，开通抖音直播功能。

第二步：开通抖音商品分享功能（抖音商品橱窗），获取抖音直播带货权限。

而开通商品分享功能需要满足两个条件：个人主页视频数（公开且审核通过）≥ 10 条；账号粉丝数（绑定第三方粉丝量不计数）≥ 1 000。

操作步骤如下:

开通抖音直播带货权限后,就能在抖音直播间卖货,直播购物车可添加抖音小店、淘宝、京东、网易考拉、苏宁、唯品会等平台商品链接。

直播间的商品链接也可以分享到外部社交平台进行传播,如微信、朋友圈、QQ好友等,而无论是海报还是链接,都需要先保存直播间二维码图片,然后再打开抖音APP,进入直播间。

三、典型案例

在抖音有数千万粉丝的短视频达人祝晓晗,开始在直播板块发力的新闻,引发了一波小高潮。首场直播1370万人次观看,带给唯品会商品页面点击234万次,单场爆单5万单。第二天,即冲上了抖音小店达人榜"直播分享热榜"的冠军。

2020年2月23日,祝晓晗受抖音官方邀请,举办了一场名为"我们的抗疫生活"的直播,当时单场直播的在线人数一直保持在"9万+",相较于其他直播场次比较勤奋的达人,爆发力已初见端倪,据介绍,该次直播单场爆单3.8万单,涨粉12万人。祝晓晗直播间如图9-1所示。

图9-1 祝晓晗直播间

第三节　快手直播平台优势及操作步骤

一、快手直播平台优势

1.潜力大

业内人士表示，快手直播带货平台估值286亿美元，带货主要群体为下沉市场，而这群用户的黏性极高，有助于提升转化。

2.渗透力高，转化强

相比抖音，快手直播带货平台的主要用户集中在三线及以下城市，且渗透率高。而对于下沉市场的高渗透率恰恰避开了一、二线城市的流量红利，使得快手在三线及以下城市的带货力得以发挥到最大。

3.黏性高，快乐度也高

快手平台本身的属性是以"人"为主，所以快手直播带货平台的运营也是以"人"为中心的。主播会花更多的时间去维系自己和粉丝的关系，因此也被戏称"线上江湖"。而这样的关系使得粉丝和主播之间的关系更亲密，黏性高，互动高，复购率也就更高了。

另外，这种高度的黏性也形成了这样一种状态：快手直播带货平台的粉丝与主播之间不仅是纯粹的商家与消费者的关系，更是朋友、兄弟，甚至类似亲人的关系，在这样的环境下购物，快手的粉丝在买东西的过程中更快乐。

二、快手直播平台操作步骤

首先下载快手APP，打开APP，点击视频页面左上角的"≡"，单击右下角"设置"，选择"开通直播"，如图 9-2 所示。屏幕会显示"申请直播权限"，如图 9-3 所示。

图 9-2 快手设置页面

绑定手机号，满 18 岁，实名认证，当前账号状态良好，作品违规率在要求范围内；注册时间 >7 天；观看视频时长达标，这个快手有明确详细规定。公开发布作品 ≥ 1 个，作品违规率在要求范围内，粉丝数 >6 人。

满足这些条件，你就可以开通快手直播了。

注意：同一个手机号和身份证只能绑定一个快手账号。

当获得了申请权限之后，点击快手界面上录制视频的按钮，会多一个直播入口，进入直播即可。

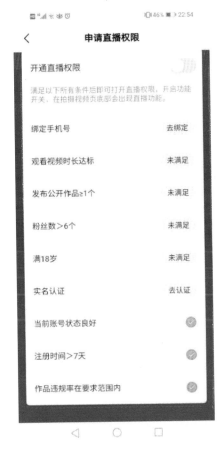

图 9-3　申请直播条件

第四节　微信直播平台优势及操作步骤

一、微信直播平台优势

微信作为"社交界"的扛把子,被网友戏称为直播带货平台的"后起之秀",且受欢迎程度不输抖音直播。

微信目前有3种直播方式:腾讯看点直播、企业微信直播、小程序直播。

微信直播优势：

1.背景雄厚

微信是一个月活数 11.12 亿的社交平台，而这 11 亿的流量支持，是微信直播从诞生起就得天独厚的优势。人说条条大路通罗马，微信直播带货平台一"出生"就在罗马，这也是微信直播功能出现时，引起圈内人士巨大反响的关键原因。

2.私域流量直接转化，成本低

在抖音、淘宝等直播带货平台，如果打微信的广告，会因为触犯平台规定而被限流、禁播等。而微信直播则没有这个顾虑。只要你开通了微信直播，用户观看或者分享直播只需要使用微信小程序"看点直播"即可体验，不需要额外下载其他应用，降低了使用成本。而且，在微信直播间能够直接引导观众加微信，也能直接将直播内容分享到私域流量圈进行分享和裂变，随时能够直接接触到消费者。

3.降低了流量跳失率

微信直播带货平台的流量是一个内部闭环，观众可以在直播间直接跳转到商城购买，完成变现，而不用担心观众需要通过链接跳转到淘宝、苏宁、唯品会等平台，导致流量跳出。

二、微信直播平台操作步骤

1.腾讯看点直播开通流程

第一步：下载腾讯直播 APP，微信登录并绑定手机号，完成腾讯直播账号注册。

第二步：关注公众号"腾讯直播助手"，在公众号对话框菜单栏点击"开通直播"，根据直播带货领域及个人身份情况填写信息，联系官方指定服务商交纳技术服务费，申请通过后即可开通直播。

如图 9-4 所示。

图 9-4　腾讯直播开通

微信直播不同于抖音直播，微信直播带货平台转化的是私域流量，所以在开播之前，先创建直播预告海报（海报中附带小程序二维码），分享到你的私域流量圈，包括微信、QQ、微博等进行直播预热，为直播导流。

开播时，用户会收到"看点直播小程序"推送的开播提醒，点击提醒消息，直接进入商家直播间观看。直播过程中，用户可转发直播链接或海报进行二次传播。

2.企业微信直播

企业微信直播开通方式较为简单，下载"企业微信 APP"并注册后，点击"直播"即可开启直播，同样的，将直播间链接分享到私域流量圈，让用户通过"直播小程序"卡片即可进入直播间观看直播。

3.小程序直播

在微信搜索小程序直播，点击创建"直播计划"即可开启直播，然后将直播链接分享出去。开播时，用户会收到好友列表里的推送开播提醒，点击即可进入直播间。

注意，微信小程序直播不支持商家主动申请，满足条件的商家，官方会随机邀请开通直播权限：满足小程序 18 个开放类目。主体下小程序近半年没有严重违规。小程序近 90 天存在支付行为。主体下账号公众号累计粉丝数 ≥ 100 人。主题下小程序连续 7 日日活跃用户数 ≥ 100 人。主体在微信生态内近 1 年广告投放实际消耗金额 ≥ 1 万元。

选择与微信小程序合作，主要基于两点：一是社交裂变，二是消费带货中的信任传播。具体来看，微信作为一款互联网国民级应用，已经服务超过 12 亿用户。本身具备社交裂变和连接一切的优势，同时也搭建了小程序、微信支付、企业微信等一系列智慧工具。这些智慧工具在国家扶贫事业中的应用，可以帮助人们建立更加精准高效的连接，促进资源流动。

微信小程序直播在完善基础功能的配备后，开始更加注重针对商户直播后的回流问题，以及如何让更多用户对直播形成感知，在触达用户上，微信团队也在思考如何做到更有效。在产品机制不断迭代的状态下，微信小程序直播正在成为商户精细化运营的又一重要工具。

第五节　淘宝直播平台优势及操作步骤

一、淘宝直播平台优势

1.平台市场大

淘宝直播带货平台是直播电商鼻祖，拥有千亿 GMV（一定时间段内的成交总额）以及 8 亿用户，市场潜力极大。

2.平台电商优势

淘宝直播带货背后是淘宝电商这个大平台，它有先天的电商优势，不需要主播挖掘货源，对于没有背景和经济基础的小主播们来说，是一个非常好的直播带货入口。

3.平台知名度高，黏性强

作为电商界的鼻祖，淘宝平台本身就有极高的知名度和信任度，基于这样的背景，消费者本能地对淘宝直播带货平台的主播有偏向性和较强的黏性。而在主播大力送福利、送优惠的情况下，进一步刺激了消费者的购买欲望，提升转化和购买频次。

4.平台机制完善

为了刺激消费，提升淘宝直播带货平台的转化率，淘宝直播推出了各种机制，包括 CPS 佣金以及 V 任务，主播（商家）可以零成本入场，零经验起步等，不仅如此，还提供了各种培训课程帮助淘宝主播提升带货能力。

二、淘宝直播平台操作步骤

下载"淘宝主播"APP，用淘宝账号登录 APP，进入后，点击"主播入驻"，完成人脸识别认证，完成直播间头像、昵称及淘宝直播相关协议的签订，接着填写个人的相关信息后，提交等待审核通过即可。

第六节　直播带货技巧

一、直播准备工作

1.硬件准备

灯光要整体亮不要局部亮，直播环境要整洁，不要凌乱，尽量单独的空间，环境隔音要好。

2.软件准备

手机确认是软件的最新版本、直播权限、推广的商品加购加收藏。

3.内容准备

直播封面图清晰美观，但是处理得也不能过分，直播主题要明确、清晰，直播玩法要确定好。

4.产品选择

根据直播号的特点与定位选择适合的产品。在试播的期间，与粉丝互动选择合适的产品。选择一定量的试拍，每一个试拍展示不同的产品，根据反馈数据确定最终的产品。

5.准备直播脚本

每次直播都是一场精心准备的表演，所以需要一个脚本。脚本中要梳理直播的段子，表演顺序，产品的介入时机，产品的价格，优惠措施，产品的特点与亮点，以及针对互动问题的回答。

6.选择直播时间

根据不同品类的产品选择合适的直播时间，比如服装账号、美食账号选择的时间不一样。黄金时间一般都是早上 7~8 点，中午 1~2 点，晚上 8~10 点。每次直播时间最好 1~2 小时。

二、直播预热工作

某一期的直播视频中结尾预告下一期的直播，同时说明直播时间、直播带货的产品。账号可以直接发布一条简短的直播口播，预告某一期的直播。

三、直播技巧

1.多维度介绍产品

品牌或产品背后有趣的小故事或历史；产品外观特点，使用展示特点；使用幽默的方式来对比产品；与粉丝观众进行社交答疑。

2.直播中的运营动作

提醒观众关注自己；运用抽奖、福利形式来促进成交；和电视购物频道一样，运用价格优惠时间来逼单。

要想高效地进行直播带货，把直播带货做得越来越好，离不开数据的分析。直播数据主要要注意的数据有：观看量、评论量、粉丝增量、评论质量及成交量。

四、直播带货常见误区及提升技巧

1.直播带货常见误区

（1）从众心理，不注重效果和转化　大家看到的直播很火，带货的效果也非常好看，这种新闻铺天盖面，让很多企业主认为直播信手拈来，谁都可以做，只要优惠给到位，没有什么搞不定。但那些直播榜上畅销品牌哪个不是在无数次刷存在感后才转化成订单的？"限时、限量、限价"像一个钩子，可以促进最终转化，但大家不能忽略的是他们前期的辛勤培育，这才是长期品牌建设之路。因此要客观看待直播，做直播一定要抓住自己的定位，根据产品选择平台，从客户的角度出发，考虑客户需求，而不是从众。

（2）选网红做主播　直播虽然带动了众多的网红主播，但是不能忽略一点，网红主播的出场费也是非常昂贵的，网红主播确实能够直接带来销量，但是自带流量的网红主播长期的成本也很高。从长远的角度来看，与网红合作是最直接快速消化积存的办法之一，却不能将流量化为己有，佣金、账期等，长期合作下来都是会出现问题。最主要的还是要培养自己的员工学习直播技巧，稳住老客户，拉来新用户。

（3）只顾线上售货不管线下质量　部分直播为了价格全网最低，采用各种技巧吸引粉丝购买，尽管货物卖出的很多，但是退货率也不低。且商家从成本考虑，长期低价，会导致入不敷出，线下质量也难以保障，因此，产品用质量取胜才是王道。

（4）品牌就要出低价　部分商家认为品牌一定要出低价，对于品牌和商家来说，产品不能仅靠低价来维持，低价只是一时的策略。为了销量而不断走低价模式，短期能一时爽快，但长期来看，只会对产品的品牌力造成杀伤。除了一些垂直直播平台外，目前大多直播都把注意力放在了带货上，但是，带货只是直播的初级阶段，通过直播带来的品牌知名度的提升才是关键。

2.直播带货提升技巧

（1）客观看待主播，考虑客户需求　做直播一定要抓住自己的定位，根据产品选择平台，从客户的角度出发，考虑客户需求，而不是从众。主播从专业的角度对产品进行诠释，专业问题的回答是触动观众购买欲望的必然条件，还要学会换位思考，站在观众角度想，所以主播得不断学习，不断提升自己专业度，赢得粉丝的信赖。

（2）真实体验，提升互动效果　直播过程中主播的一举一动都是看在观众的眼里，包括商品的试吃以及试用，所以说直播是最真实的。

（3）建立信任关系　直播带货不是秀场，不同于唱歌跳舞来获得打赏，你回答的每一个问题都是在建立自己的人设的。

（4）做好前期的准备工作　直播带货，产品要契合粉丝的喜好，主播也是最重要的环节之一。而做好前期准备，是制胜的法宝之一。

主播在直播间里不断与消费者实时互动，才能称得上是直播。在过去，人们提到主播，往往是秀场主播，在直播间展示才艺获得打赏。而现如今直播带货与之前的才艺主播完全不同，他们以带货为目的，在直播间展示商品，促成交易，能不能真正地实现交易，才是考验一个电商主播的核心要素。所以在直播初始，打造成功的主播人设才能更容易脱颖而出，一个出色的人设能给用户留下深刻的印象，随之增长的就是粉丝和黏性。因此一定要做好前期的准备工作，对产品的特性等要调研得非常清楚，而且对同类产品也要了解得非常深刻。但是主播的人设也不是异想天开，想打造什么样的人设就打造什么样的人设，一定要和自己的实际情况以及产品相结合。

直播带货的李子柒

李子柒，本名李佳佳，1990年出生于四川省绵阳市，中国内地美食短视频创作者。2015年，李子柒开始拍摄短视频；11月，发布短视频《兰州牛肉面》。2017年，正式组建团队；6月16日，获得新浪微博超级红人节十大美食红人奖。2018年，她的原创短视频在海外运营3个月后获得YouTube银牌奖。2019年8月，李子柒为成都非遗推广大使，获得超级红人节最具人气博主奖、年度最具商业价值红人奖；12月14日，获得中国新闻周刊"年度文化传播人物奖"。

李子柒幼年时，父母离异。1996年，父亲早逝。因为继母对她不好，爷爷奶奶心疼，便接她回了家。爷爷做过乡厨，善于农活，也会编制竹器，邻居有了红白喜事都乐意找他帮忙。而在爷爷做饭的时候，她便在一旁打下手。在她读小学五年级的时候爷爷去世，奶奶开始独自抚养她，生活也变得难以为继。

2004年，李子柒为了谋生，开始在城市中漂泊。其间，她露宿过公园的椅子，也曾连续吃了两个月的馒头。在做服务员的时候，一个月的工资只有300元人民币。那时，李子柒接受弟弟的建议，也为了淘宝店生意更好，开始在网络上发布一些无厘头视频。摸索一段时间后，她便转而拍一些自己真正拿手的事，比如做饭。而有时，一条视频则要拍上好几天。

2015年，李子柒开始自拍自导古风美食短视频。早期，她的视频虽然创意有余，却质量一般，比如《樱桃酒》。而在拍摄内容的选择上，和奶奶生活在一起的李子柒选择了最熟悉的"农村生活"。其最初设定的话题取自俗语："四季更替，适食而食"，后来在编辑的建议下改成了"古香古食"。其间，她曾用了一年多的时间还原"文房四宝"在古代的制作过程，也用古法制作过手工酱油，甚至以一人之力在院子里用木头和竹子搭了一座茅草棚和秋千架。

2016年，是微博光芒四射的一年，依靠话题打榜体系，以及短视频、直播等新内容载体，平台用户数和活跃度增长接连超预期。更重要的是，那一年微博推出了扶持内容原创者的计划，处在爆发期的视频内容成了重中之重。同时李子柒为了提高淘宝店的生意，开始拍摄短视频，前期的视频主要以美食为主；但和其他"美食博主"不一样的是，她将农村生活搬上网络，拍摄的时间跨度会拉得非常大，更近本质。因为精美的构图和悠闲的生活节奏，她的视频更像是一部田园纪录片，受到了无数人的追捧。从造面包窑、做竹子家具、文房四宝、做衣服，到烤全羊、酿酒、酿造黄豆酱油……总之，没有李子柒做不出来的东西。

2020年1月1日，李子柒入选中国妇女报"2019十大女性人物"；4月29日，李子柒在某境外视频平台上粉丝突破1 000万人，成为首个破千万的中文创作者；5月19日中国农民丰收节组织指导委员会正式设立"中国农民丰收节推广大使"，李子柒受聘担任首批推广大使。8月，李子柒当选第十三届全国青联委员、8月18日，李子柒在柳州建螺蛳粉厂。

本章主要通过介绍当今电子商务快速发展下的新型的电子商务销售模式——直播带货这一热点，从直播电商产生的背景开始，介绍了直播带货已经成为商家进行商品推介的新潮流，明确了直播带货的概念是指通过一些互联网平台，使用直播技术进行商品的线上展示、讲解、咨询答疑及导购销售的新型电子商务销售服务方式，最终吸引粉丝购买商品的一种不见面网络销售模式。同时介绍了直

播带货的特点，通过对四大主流电商带货平台：抖音直播平台、快手直播平台、微信直播平台以及淘宝直播平台的详细介绍，从平台的优势以及各主流平台的操作步骤及注意事项，让读者清楚地了解各大平台的特点，并能够根据平台优势选择合适的平台及操作技巧进行商品选择和推荐，并针对直播带货的误区及带货技巧进行了详细介绍，最后通过对典型案例进行分析，引导大家选择合适的平台进行商品推介，少走直播带货的误区，提升直播带货的技巧，最终实现直播带货的目的，充分利用直播带货平台带动经济新的增长点。

参考文献

[1] 刘双印，黄建德，黄子涛，等．农业人工智能的现状与应用综述 [J]．现代农业装备，2019，40（6）：7-13.

[2] 庄富娟，佟天悦．生态环境与基层智慧农业气象服务研究 [J]．农家参谋，2020（10）：177.

[3] 尹国成．农业数学教育的智慧与境界：评《农业数学基础》[J]．中国蔬菜，2020（5）：122.

[4] 现代农业装备编辑部．凝聚行业智慧助力农机化发展 [J]．现代农业装备，2018（6）：9.

[5] 汪懋华．把握实施乡村振兴战略机遇 推动广东荔枝产业创新发展 [J]．现代农业装备，2018（4）：17-21.

[6] 吴旭，潘华．基于农业物联网技术的智慧农业研究进展 [J]．农家参谋，2020（17）：236.

[7] 付佳，安增龙．基于农业物联网技术的智慧农业研究进展 [J]．现代农业科技，2020（5）：232-233，235.

[8] 郁静娴．让智慧农业扎根田间 [N]．人民日报，2020-03-06（18）.

[9] 张孝倩，江旭聪，肖新．芜湖市土淘金智慧农业园区规划研究 [J]．绵阳师范学院学报，2020，39（5）：109-116.

[10] 靳建红．5G区块链大数据在智慧农业中的应用展望 [J]．农业开发与装备，2020（3）：56-57.

[11] 刘鹏，曾莹，任昱衡．试分析我国渔业信息化存在的问题 [J].

科技传播，2010（21）：84-85.

[12] 杨宁生. 现阶段我国渔业信息化存在的问题及今后的发展重点 [J]. 中国渔业经济，2005（2）：15-17.

[13] 卢卫平，华苒. 渔业信息化与 Web 技术的应用 [J]. 渔业现代化，2003（1）:39-40.

[14] 魏兆连. 国外网络经济发展及经验借鉴研究 [D]. 长春：吉林大学，2009.

[15] 爱德华·J. 迪克. 电子商务与网络经济学 [M]. 大连：东北财经大学出版社，2006.

[16] 卡尔·夏皮罗，哈尔·瓦里安. 信息规则 网络经济的策略指导 [M]. 北京：中国人民大学出版社，2000.

[17] 管红波，杨保安. 水产品电子商务模式分析 [J]. 中国渔业经济，2009，27（2）：102-105..

[18] 周全. 水产电子商务与网上渔市 [J]. 水产养殖，2004（12）：25-28.

[19] 卢卫平，吴维宁. 再论水产电子商务与网上渔市 [J]. 上海水产大学学报，2004，13（3）：244-249.

[20] 李电生，夏国建. 基于灰色关联熵的水产品贸易与物流耦合性研究 [J]. 统计与决策，2010(2)：55-57.

[21] 郭灿华. 水产品批发市场发展电子商务的现状与前景探析 [J]. 海洋渔业，2003，25（2）：66-68.

[22] 万峰，卢卫平，吴维. 网络营销在水产企业中的应用及其策略 [J]. 渔业现代化，2005（4）：10-12.

[23] 吴维宁. 水产品网络营销中网络零售的服务整合 [J]. 农业网络信息，2008（10）：123-125，129.

[24] 代文锋.我国水产电子商务存在的问题及对策 [J]. 北京水产，
2008（3）：4-5.

[25] 代文锋.水产电子商务网站设计探讨 [J]. 中国渔业经济，
2009，27（5）：130-132.

[26] 张欢.基于消费视角的水产品流通效率研究 [D]. 上海：上海
海洋大学，2010.

[27] 丁俊发.中国农业物流产业市场与发展策略专题分析报告
[R]. 2007-05-16.

[28] 滕玉英.中日两国农产品物流体系比较 [D]. 北京：对外经济
贸易大学，2006.

[29] 罗珉.组织管理学 [M]. 成都：西南财经大学出版社，2003.

[30] 吕本富，张鹏.77种网络创新模式 [J]. IT经理世界，2000（5）：
26-71.

[31] 中华人民共和国国家统计局.中国统计年鉴（2006）[M]. 北京：
中国统计出版社，2007.

[32] 周应恒，吕超，卢凌霄.中国水产业物流链研究 [J]. 中国渔
业经济，2008，26（4）：46-51.

[33] 郭淼，高健.我国沿海地区水产品消费特征的调查分析：对大
连和上海的实证调查 [R]. 北京：2008中国渔业经济专家论坛，
2008.

[34] 孟菲.食品安全的消费特征分析 [J]. 长沙：消费经济，
2007，23(1)：85-88.

[35] 邓汝春.冷链物流运营实务 [M]. 北京：中国物资出版社，
2007.

[36] 卢凌霄，宋芝平.调整食物消费结构　促进水产品消费 [J].

渔业经济研究，2009（4）：6-10.

[37] 孙琛. 中国水产品市场分析 [D]. 北京：中国农业大学，2000.

[38] 刘洋. 水产业分销电子商务管理平台的构建与应用研究 [D]. 青岛：中国海洋大学，2009.

[39] 高鸿业. 西方经济学（微观部分）[M]. 北京：中国经济出版社，1996.

[40] 方昕. 从生鲜经营看大食品产业体系的联动 [J]. 商场现代化，2002（11）：20-21.

[41] 孙建富. 水产品产品因素对市场需求的影响 [J]. 中国渔业经济，2005（5）：30-32.

[42] 全球渔业产出及水产品消费长期趋势 [J]. 北京水产，2005(5)：47-49.

[43] 董楠楠，钟昌标. 中国居民收入增长对海水产品需求的影响 [J]. 宁波：宁波大学学报（人文科学版），2006,19（6）:99-102.

[44] 薛伟贤，冯宗宪，颜莉. 电子商务企业的成本优势分析 [J]. 工业工程与管理，2004,9（5）：48-52.

[45] 杨公朴，夏大慰. 产业经济学教程 [M]. 上海：上海财经大学出版社，2002.

[46] 赵绪福，王雅鹏. 农业产业链、产业化、产业体系的区别与联系 [J]. 农村经济，2004（6）：44-45.

[47] 王莉. 电子商务在我国水产品流通领域中应用前景的探讨 [D]. 上海：上海水产大学，2007.

[48] 闫柏睿. 电子商务环境下的第三方物流企业业务模式研究 [D]. 西安：长安大学，2008.

[49]（美）加里·P. 施奈德. 电子商务（第4版）[M]. 成栋，韩婷婷，

译. 北京：机械工业出版社，2005.

[50] 苏庆猛. 山东水产行业发展电子商务应用研究 [D]. 济南：山东大学，2006.

[51] 张艳茹. 浙江舟山水产业电子商务深度应用的研究 [J]. 合肥：安徽农业科学，2010 (25)：14116-14117，14138.

[52] 魏晓明，齐飞，丁小明，等. 我国设施园艺取得的主要成就 [J]. 农机化研究，2010，32(12)：227-231.

[53] 农业部设施园艺发展对策研究课题组. 我国设施园艺产业发展对策研究 [J]. 现代园艺，2011(5)：13-16.

[54] 束胜，康云艳，王玉，等. 世界设施园艺发展概况、特点及趋势分析 [J]. 中国蔬菜，2018(7)：1-13.

[55] 瞿剑. 中国设施园艺面积世界第一 [N]. 科技日报，2017-08-22(001).

[56] 沈军，高丽红，张真和，等. 中国设施园艺产业的经济性分析 [J]. 农业现代化研究，2015，36(4)：651-656.

[57] 杨其长. 供给侧改革下的设施园艺将如何发展？[J]. 中国农村科技，2016(5)：40-43.

[58] 于维军. 如何提升肉鸡出口竞争力 [J]. 营销策略，2005(2)：35-37.

[59] 曾妮娜. 中国畜产品如何应对动物福利壁垒 [J]. 黑龙江对外经贸，2005 (5)：44-46.

[60] 张军，丁静，沈翀. 基层防疫站现状调查 [J]. 半月谈，2006(2)：17-20.

[61] 赵丽佳，冯中朝. 农产品行业协会在我国农产品国际贸易中的作用探析 [J]. 农村农业农民，2005(4)：14.

[62] 蔡长霞. 中国肉鸡产品出口受绿色壁垒限制的主要原因 [J]. 养禽与禽病防治, 2005(7):42-43.

[63] 李玉红, 李宗泰, 李华, 等. 猪肉质量安全可追溯体系的现状、问题和对策 [J]. 黑龙江畜牧兽医, 2019(18):29-32.

[64] 侯博, 侯晶. 消费者对可追溯猪肉信息属性的需求研究 [J]. 中国食品安全治理评论, 2019(1):75-89.

[65] 刘增金. 溯源追责信任、纵向协作关系与猪肉销售商质量安全行为控制: 兼议猪肉可追溯体系质量安全效应的现实效果 [J]. 中国食品安全治理评论, 2019(1):90-117.

[66] 张志明, 李建荣, 王辉. 基于RFID的猪肉生产全程可追溯平台研究与实现 [J]. 现代牧业, 2019,3(2):17-21.

[67] 巫琦玲. 特医食品消费者最为关注的质量安全追溯信息研究 [D]. 武汉: 武汉轻工大学, 2019.

[68] 张玉龙. 食品生产企业可追溯信息传递的行为机理研究 [D]. 烟台: 山东工商学院, 2019.